3e Fascicule

ESSAI DE CLASSIFICATION

DES

LÉPIDOPTÈRES

PRODUCTEURS DE SOIE

(3e Fascicule)

PAR

M. L. SONTHONNAX

Extrait des *Annales du Laboratoire d'Études de la Soie*
Vol. 10 — 1899-1900

LYON
A. REY ET Cie, IMPRIMEURS-ÉDITEURS
4, RUE GENTIL, 4

1901

25

ESSAI DE CLASSIFICATION

DES

LÉPIDOPTÈRES PRODUCTEURS DE SOIE

(3me Fascicule)

ESSAI DE CLASSIFICATION

DES

LÉPIDOPTÈRES

PRODUCTEURS DE SOIE

(3e Fascicule)

PAR

M. L. SONTHONNAX

Extrait des *Annales du Laboratoire d'Études de la Soie*
Vol. 10 — 1899-1900

LYON
A. REY ET Cie, IMPRIMEURS-ÉDITEURS
4, RUE GENTIL, 4
—
1901

SATURNIENS

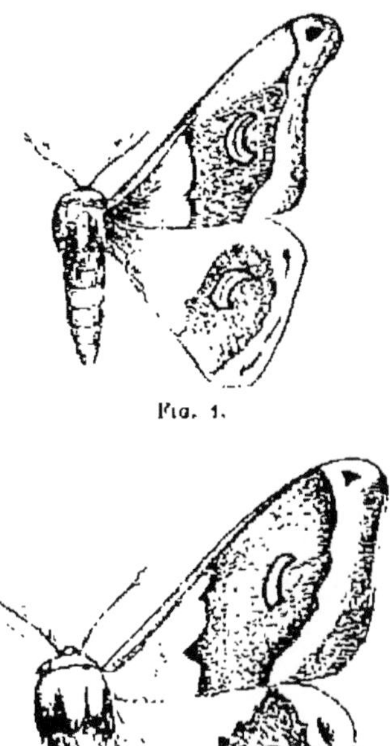

Fig. 1.

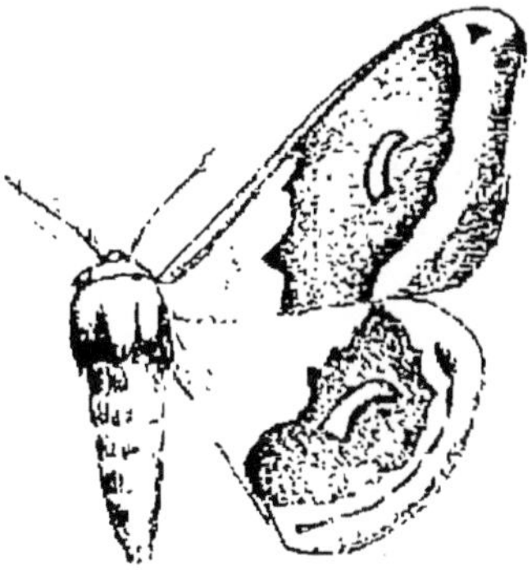

Fig. 2.

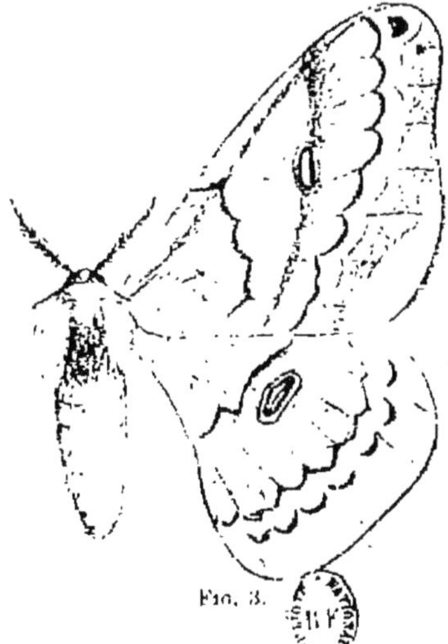

Fig. 3.

Fig. 1 et 2. *Sagana Sapatoza*, Walk, mâle et femelle.
— 3. — *Semioculata*, Feld, femelle.

ESSAI DE CLASSIFICATION

DES

LÉPIDOPTÈRES PRODUCTEURS DE SOIE

(5me Fascicule)

3e Genre. — **Sagana**.

Walker, *Cat. Lep. H. B. M.*, 1234. 1855.

Ce genre ne diffère du genre *Antheraea* que par la rayure interne non interrompue et par les taches des ailes qui sont de forme allongée et irrégulière.

Deux espèces seulement forment ce genre, elles sont toutes deux de l'Amérique centrale.

1. **Sagana Sapatoza**, Walker *(Saturnia S.)*, *Proc. Zool. Soc. London*, 1853, p. 163, pl. 33, fig. 1.

Envergure : mâle, 8 cm. 1/2; femelle, 9 cm. 1/2. Pl. 1, fig. 1 et 2.

Patrie, Colombie.

Une des plus petites espèces de la famille; les ailes sont d'un jaune de soufre, mais la base, le disque et la marge sont fortement chargés de squamules d'un noir rougeâtre, ce qui donne à l'ensemble une teinte verte; les taches vitrées sont larges, en arc tronqué à ses 2 extrémités, et sont d'égale grandeur sur toutes les ailes.

Mâle. Les ailes antérieures ont leur marge incurvée; un point subapical triangulaire, noir, bordé extérieurement de carmin et de blanc, orne la portion supérieure de la zone externe; tache vitrée, allongée, bordée d'une ligne noire, traversée longitudinalement par la nervure, laquelle est fortement concave; rayure interne presque droite, externe sinueuse, se rapprochant brusquement et fortement de la base de l'aile près du bord inférieur. Zone interne brune à sa base, devenant jaune verdâtre près de la rayure; médiane plus claire vers le bord antérieur;

externe plus claire vers la rayure, brune du côté de la marge. Ailes inférieures de couleur jaune verdâtre, devenant rosé vers le bord antérieur ; zone médiane brune, ayant une tache vitrée allongée, à contour un peu anguleux; rayure externe légèrement festonnée suivie d'une ligne interrompue de taches allongées, noires, liserées de carmin et de blanc rosé.

Thorax bordé antérieurement d'un collier de poils jaunes, le reste du corps est d'un brun plus ou moins olivâtre, semblable au brun des ailes ; antennes brun foncé.

Le dessous des ailes est de couleur châtain gris, le disque plus fortement parsemé de rouge.

Femelle. De taille plus forte, ailes plus arrondies, les supérieures non échancrées, de coloration plus claire; antennes moins larges que celles du mâle, d'un jaune brun.

La base des ailes inférieures et la marge de ces dernières est d'un brun rosé, la traînée de taches allongées qui se remarque au delà de la rayure externe est plus apparente, et les squamules blanc rosé accompagnant les taches sont plus largement distribuées; sur l'aile supérieure, la rayure interne est plus sinueuse.

Le dessous est de couleur cuir grisâtre légèrement ombré de brun, surtout dans le milieu, les pattes de couleur chair.

Le cocon nous est inconnu, cette espèce est assez rare dans les collections; nous l'avons vue dans les Musées de Londres et de Berlin et dans la collection de M. le Dr Staudinger.

Au Muséum de Paris, elle est étiquetée de la main de Boisduval, sous le nom de *Saturnia Strabo.*

2. **Sagana semioculata**, Felder, *Reise Novara*, Lep., IV, pl. 87, fig. 4, 1874.

Envergure : mâle et femelle, 12 centimètres. Pl. 1, fig. 3.

Patrie, Bogota, Venezuela.

Mâle. Antennes grandes et larges, de couleur fauve clair, couleur des ailes brun olivâtre foncé, s'atténuant et devenant jaune verdâtre près des rayures. Ailes supérieures : rayure interne brune, très sinueuse; externe, de même coloration et fortement ondulée, accompagnée sur la zone externe d'un espace jaunâtre qui renferme vers l'apex deux taches noires triangulaires, veloutées : la supérieure plus grande, toutes deux bordées extérieurement de squamules blanches.

Sur les ailes inférieures, la rayure externe est accompagnée d'une ligne de croissants parallèles aux festons de cette rayure, ces croissants bordés extérieurement de squamules blanc rosé, surtout près du bord antérieur.

Les taches hyalines des ailes sont presque réniformes, elles sont traversées dans leur milieu et dans toute leur longueur par la nervure intercostale, et sont cerclées tout d'abord de noir, puis d'un cercle de squamules dorées.

Les poils qui garnissent le front sont longs et forment une touffe avancée.

Femelle. La coloration générale est plus rosée que chez le mâle, surtout sur les ailes inférieures; les taches vitrées sont plus étroites, du moins sur le type de Felder, actuellement dans la collection de M. W. Rothschild, seul spécimen femelle que nous ayons vu.

Le spécimen mâle dont nous donnons la description est au Muséum de Berlin.

Espèce très rare, dont le cocon nous est inconnu.

4e Genre. — **Nudaurelia**.

W. Rothschild, *Nov. Zool.*

Antheraea, Hübner, *Verz, bek. Schmett*, p. 152, 1816.

Facies des *Antheraea*, mais les taches des ailes ont toujours leur portion hyaline petite, tangeante à la nervule, auréolée d'anneaux concentriques diversement colorés, généralement nombreux et assez larges; la tache des ailes inférieures est toujours plus grande que celle des supérieures, et possède le plus souvent un large anneau rouge ou rose. L'arc blanc que l'on remarque sur le côté interne des taches dans les *Antheaera* fait défaut dans ce genre. La rayure interne est brisée ou rectiligne, non interrompue; l'externe est toujours sensiblement parallèle à la marge sur les ailes supérieures.

Ces dernières sont à peine incurvées sur leur marge et l'apex est arrondi.

Toutes les espèces de ce genre sont propres au continent africain.

1. **Nudaurelia Dolabella**, Druce, *Proc. Zool. Soc. London*, 1886, p. 409, pl. 38, fig. 2.

Envergure : 13 centimètres. Pl. 2, fig. 1.

Patrie, Afrique centrale.

Femelle. Antennes brun noir, bipectinées irrégulièrement; thorax jaune vif antérieurement, rose vineux postérieurement. Abdomen jaune foncé vif. Ailes supérieures d'un jaune fauve, rayure interne brun noirâtre, nébuleuse, brisée; tache vitrée en demi-cercle, non auréolée, une large bande médiane noirâtre traverse l'aile de la côte au bord inférieur, tangeante à la tache; rayure externe de la même couleur presque droite; zone externe jaune.

Ailes inférieures rouge carminé vif à la base, très velues; cette couleur rouge se fond insensiblement et devient jaune à partir de la moitié de l'aile; tache vitrée en demi-cercle hyalin, dans un cercle jaune cuir annelé de noir; les deux rayures et la bande médiane de l'aile supérieure sont également représentées sur cette aile.

Nous avons vu cette espèce au *British Museum*, provenant de l'Afrique centrale, et dans la collection de M. Oberthür, provenant de Nyassa land.

2. **Nudaurelia Arabella**, Aurivillius *(Antheraea A.)*.

Envergure : mâle et femelle, 13 cm. 1/2. Pl. 2, fig. 2.

Patrie, État libre d'Orange.

Mâle. Antennes larges, d'un brun rougeâtre, front jaune, collier antérieur du thorax brun foncé, traversé dans son milieu par une ligne d'un rouge vineux, corselet rouge brun, segments de l'abdomen jaunes, liserés de rouge.

Ailes supérieures jaune de chrome clair, rougeâtres à la base, rayures interne et externe noires, confluentes vers le bord inférieur de l'aile, toutes deux en festons, l'externe liserée intérieurement, et surtout dans sa partie supérieure, de squamules blanchâtres. La tache hyaline a la forme d'un demi-cercle au centre d'un cercle d'un jaune livide, entouré d'un anneau étroit, noir, d'un autre plus large, rouge carmin, d'un autre plus faible, blanc rosé, et enfin d'une fine ligne un peu nébuleuse, rouge.

La zone externe présente des taches intranervales de squamules noires.

Ailes inférieures sans rayure interne, le reste comme sur les supérieures.

La femelle présente la même ornementation et la même forme que le mâle.

Espèce assez rare, collection de M. Oberthür.

SATURNIENS

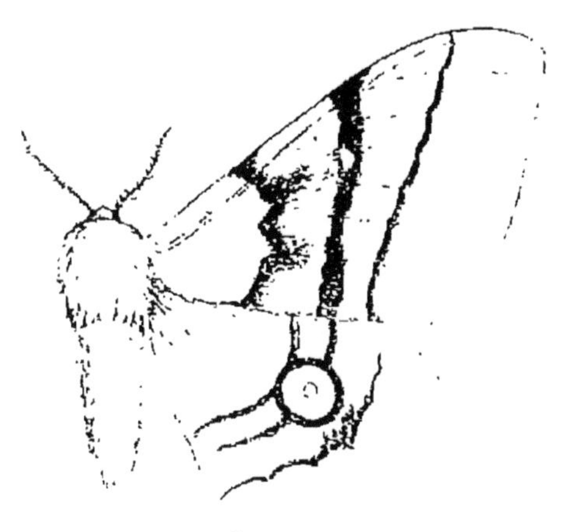

Fig. 1.

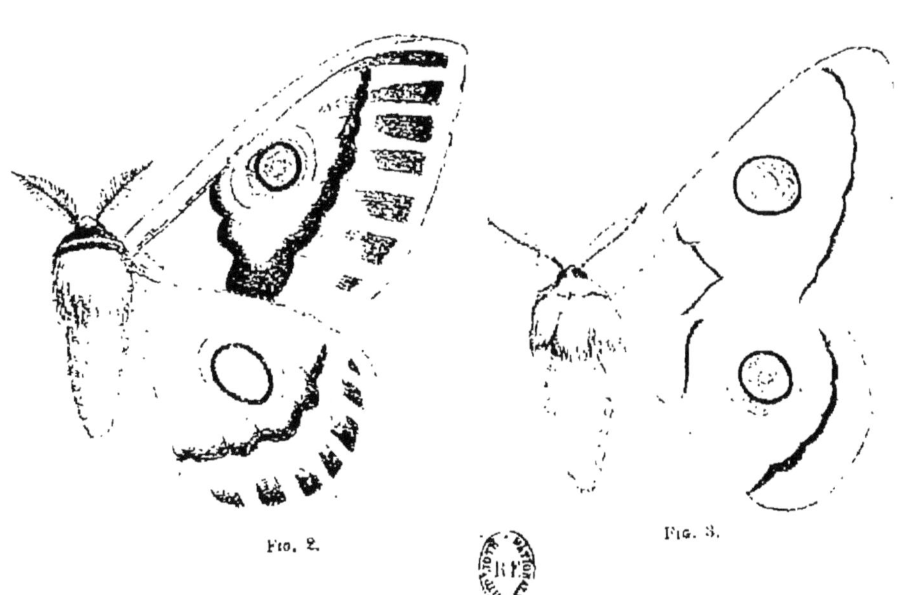

Fig. 2.

Fig. 3.

Fig. 1. *Nudaurelia dolabella*, Druce.
— 2. — *Arabella*, Auriv.
— 3. — *Hersilia*, Westw.

SATURNIENS

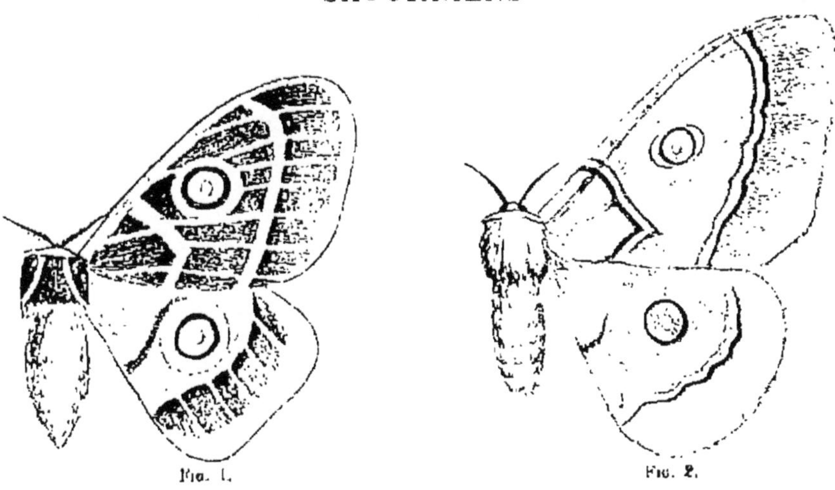

FIG. 1. FIG. 2.

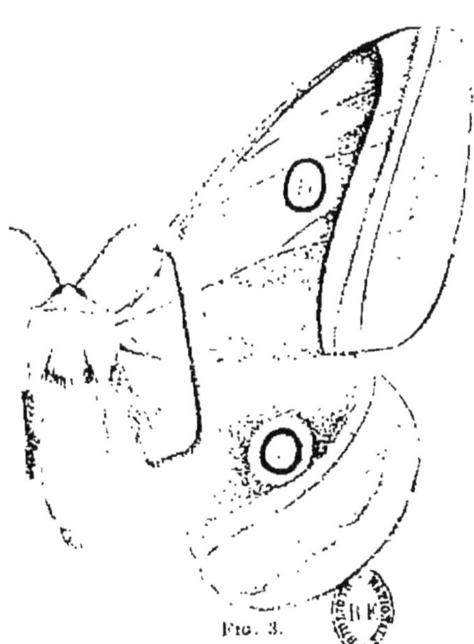

FIG. 3.

Fig. 1. *Nudaurelia Oubie*, Guer-Men.
— 2. — *Rendalli*, W. Rothsch.
— 3. — *Anna*, Maass et Weym.

3. **Nudaurelia Hersilia**, WESTWOOD (*Saturnia Hersilia*) *Proc. Zool. Soc. London*, p. 42. pl. 3, fig. 1, 1849.

Eochroa Dido, Maass. et Weym., *Beitrag. Schmett*, fig. 72, 1881.

Envergure : mâle, 11 centimètres à 13 cm. 1/2. Pl. 2, fig. 3.

Patrie, Congo et Afrique orientale.

Mâle. Antennes d'un jaune châtain, larges, à derniers articles non plumeux, corps entièrement d'un jaune orangé. Ailes antérieures à bord marginal convexe, couleur générale jaune de chrome tirant plus ou moins sur le fauve, parsemées de petites squamules brun rougeâtre ; rayure interne brisée brune, lisérée légèrement de rose extérieurement ; rayure externe brune, faiblement festonnée, bordée de blanc rosé intérieurement. La tache vitrée est subovale, au centre d'un cercle large, de couleur brun jaunâtre terne, limité par un anneau étroit noir, qui est entouré à son tour par un anneau plus large, blanc.

Ailes inférieures d'un jaune rosé à la base, rayure interne brune très faiblement arquée ; l'œil hyalin est ovale, au centre d'un cercle jaune brun terne, cerclé d'un anneau étroit noir, surcerclé à son tour d'un large anneau rouge brique et d'un autre blanc, la zone médiane est de couleur rose jaunâtre, sauf vers le bord anal qui est jaune ; rayure externe comme sur l'aile supérieure.

Le dessous des ailes ne laisse pas voir les rayures internes, les taches ocellées sont visibles comme sur le dessus, les ailes inférieures sont d'un jaune fauve avec tache auréolée plus petite, l'anneau noir entouré d'un anneau blanc, et celui-ci d'un autre étroit, rosé.

British Museum et collection de M. le Dr Staudinger.

Le spécimen de cette dernière collection, qui est le type de Maassen, *Eochroa Dido*, provient de Kitui (Afrique orientale).

4. **Nudaurelia Oubie**, GUERIN-MENEVILLE (*Bombyx Oubie*), *Lefebvre, voyage en Abyssinie, Zool.* VI, p. 387, pl. 12, fig. 1 et 2, 1849.

Saturnia Oubie, Butl., *Proc. Zool. Soc. London*. 1885 et 1886.
— **Zaddachi**, Dewitz, *Mitth. Münch. Ent. Verz*, p. 34, pl. 2, fig. 6, 1879.

Envergure : 11 à 13 centimètres. Pl. 3, fig. 1.

Patrie, Abyssinie et région de Tanganika.

Antennes d'un brun rougeâtre, largement pennées chez le mâle, à pectination très courte chez la femelle.

Les deux sexes ne diffèrent que par la forme des antennes.

Ailes antérieures, bord marginal à peine convexe, le fond des ailes est le jaune de chrome clair, un peu rosé, mais toutes les surfaces intranervales sont chargées de squamules brun foncé ; rayure interne brisée blanche, lisérée extérieurement de rouge ; externe parallèle à la marge, blanche bordée de rose extérieurement, chez certains spécimens la couleur rouge est remplacée par la couleur jaune de la côte et des nervures, marge jaune.

Tache hyaline arrondie, au centre d'un cercle brun clair limité par un anneau noir, un autre blanc, et un autre étroit jaune ou rose rougeâtre.

Ailes inférieures, tache un peu moins grande, point hyalin au centre d'un cercle brun clair bordé : 1° d'un anneau noir ; 2° d'un autre rouge brique ; 3° d'un autre blanc.

Les zones interne et médiane sont d'un rose saumon, thorax brun avec collier antérieur jaune, ainsi qu'une bande postérieure et la bordure des paraptères ; abdomen d'un jaune rosé.

D'après M. Butler, les deux sexes de cette espèce auraient été capturés au mois de mai 1894, vers le lac Nakvo, Est africain, mais ces exemplaires différeraient du type, en ce que les lignes jaunes indiquant les nervures seraient blanches.

L'espèce décrite par Dewitz, sous le nom de *Saturnia Zaddachi*, capturée à Chinchoxo, n'est qu'une variété plus petite de cette espèce et dans laquelle la couleur brune serait en excès aux dépens de la couleur jaune.

Cette espèce n'est pas très rare ; nous l'avons vue dans toutes les grandes collections.

5. **Nudaurelia Rendalli**, W. Rothschild, *Nov. Zool.*, vol. IV, p. 182. 1897.

Envergure : femelle, 12 cm. 1/2. Pl. 3, fig. 2.

Patrie, Zomba (Nyassa).

Le seul spécimen connu est une femelle appartenant à la collection de M. W. Rothschild, capturé par M. le Dr P. Rendall, en janvier 1896, dans le Haut-Shiré à 3000 pieds d'altitude.

Ailes antérieures, d'un jaune safran, saupoudrées de squamules noires; rayure interne anguleuse, tricolore, noir grisâtre, blanc et rouge vineux extérieurement; rayure externe festonnée, tricolore : rouge vineux, blanc et noir grisâtre extérieurement. Tache vitrée ovale, petite, au centre d'un cercle brun finement cerclé de noir, et accompagné à droite et à gauche seulement de deux arcs rose rougeâtre.

Les ailes inférieures ont les mêmes bandes que les ailes supérieures, mais la rayure interne est presque obsolète, les zones interne et médiane sont d'un rouge jaunâtre, devenant complètement jaune vers le bord anal; tache ocellée légèrement plus large que sur les ailes supérieures, l'anneau noir enveloppant le cercle brun est entouré d'un anneau plus large vermillon et d'un autre blanc.

Dessous : ailes antérieures sans rayure interne, rayure externe et tache ocellée comme dessus, mais plus faiblement marquées, toutes les ailes lavées de rouge vineux, la couleur rouge de la rayure externe distinctement marquée, la tache ocellée de l'aile inférieure sans l'anneau blanc externe, rayure interne absente.

Corps jaune safran.

6. **Nudaurelia Anna,** MASSEN et WERN, *Beitr. Schemett*, fig. 88, 1886.

Envergure : femelle, 14 centimètres. Pl. 3, fig. 3.

Patrie, Zanzibar.

Le mâle ne nous est pas connu; la description que nous donnons est faite d'après le type de Maassen et Wern au Museum de Berlin.

Couleur foncière jaune d'or, corps jaune, antennes fauve; rayure interne droite dans ses deux tiers inférieurs, arrondie près de la côte, formée de trois bandes étroites contiguës, l'interne d'un gris verdâtre, la médiane rose pâle, l'externe rose vif; rayure externe grise dans son milieu, et d'un gris plus foncé et plus verdâtre intérieurement et extérieurement; zone médiane d'un brun rouge dans sa moitié inférieure et près de la rayure externe; un œil demi-circulaire hyalin, dans un cercle de couleur gris jaunâtre cerclé d'un anneau noir et d'un autre rouge; la zone externe est traversée dans sa longueur par une traînée de poussière gris verdâtre.

Ailes inférieures : zones interne et externe, rouge vineux. La tache auréolée est un peu plus grande que sur l'aile supérieure, mais elle est auréolée en plus d'un large anneau rose ; les rayures sont exactement tricolores comme l'interne des ailes supérieures ; sur la zone externe qui est jaune, se remarque une traînée, parallèle à la rayure, de poussière gris rouge d'un côté, rose au centre et verdâtre extérieurement.

La figure donnée par Maassen est assez exacte, quoique un peu exagérée de couleur.

7. **Nudaurelia Aurantiaca** W. Rothschild, *Nov. Zool.*, vol. II, p. 42, fig. 3.

Envergure : 12 centimètres. Pl. 4, fig. 1.

Patrie, lac Nyassa (Afrique orientale).

De couleur jaune orangé foncé, rayure interne brisée, gris noirâtre intérieurement, rose terne extérieurement ; rayure externe sensiblement parallèle à la marge, gris noirâtre extérieurement, blanc rosé intérieurement ; œil hyalin en demi-cercle, au centre d'un cercle brun jaune annelé finement de noir, cette dernière couleur auréolée étroitement de rose. Ailes inférieures : zones médiane et interne de coloration plus claire, rayure interne obsolète, externe bien indiquée comme sur l'aile supérieure, tache auréolée plus large, l'anneau noir cerclé d'un anneau rouge brique assez large, lequel est auréolé à son tour faiblement de rose.

Corps jaune orangé foncé, antennes fauve brun.

Collection de M. W. Rothschild.

8. **Nudaurelia Bracteana**, Distant.

Envergure :

Patrie, Prétoria (Transwaal).

Nous ne connaissons pas cette espèce, nous donnons la traduction de la description de l'auteur.

Ailes, corps, dessus et dessous, et pattes d'un jaune d'or brillant ; antennes d'un brun ocracé avec les derniers articles noirâtres, sauf l'extrême pointe.

Ailes antérieures croisées par une simple fascie ondulée transverse de couleur gris de plomb à environ un quart de la base ; une autre fascie semblable, mais plus prononcée, à environ un tiers de la marge externe ; sur la zone externe, une faible indication des couleurs de la rayure

SATURNIENS

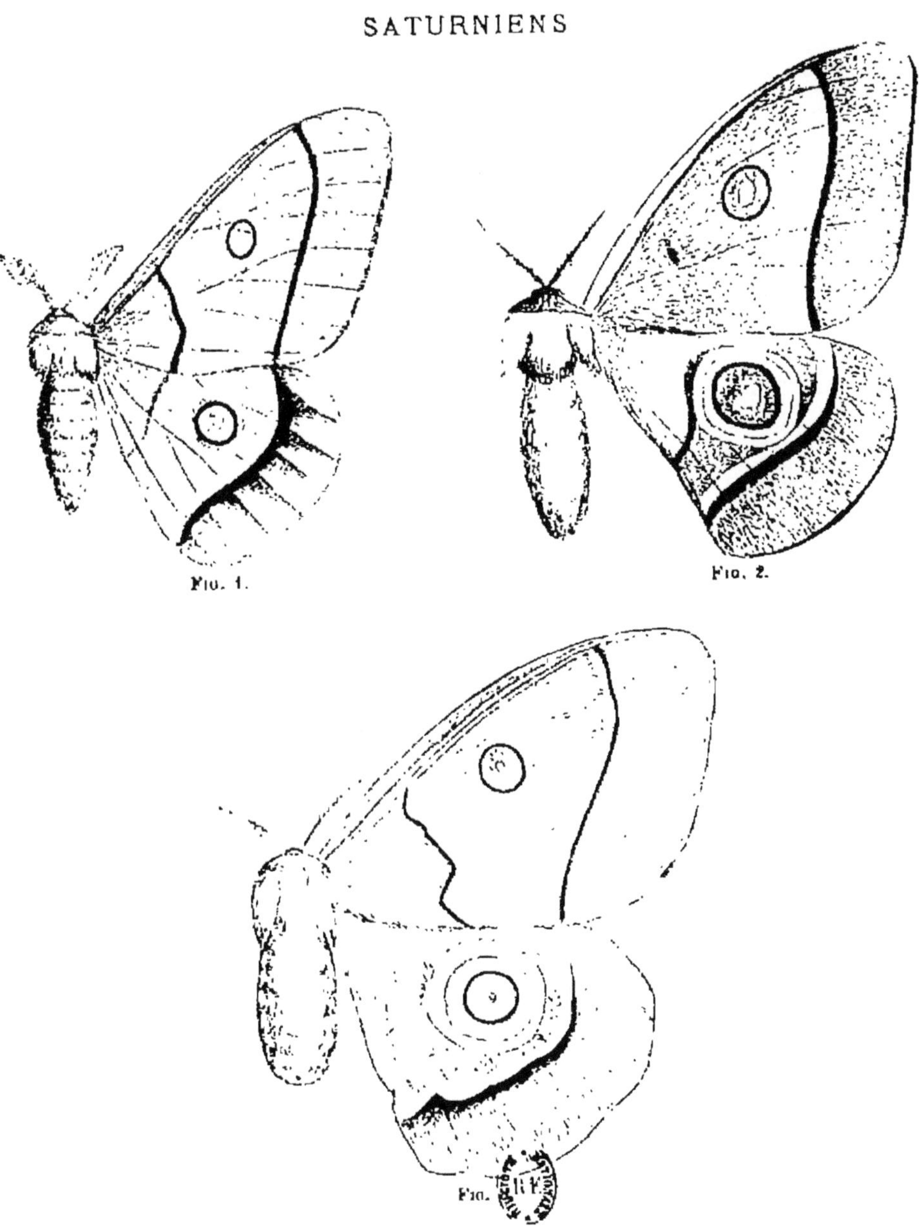

Fig. 1. *Nudaurelia Aurantiaca*, W. Rothsch.
— 2. — *Licharbas*, Maass et Wern.
— 3. — *Thyene*, Weym.

externe; la tache ocellée indiquée faiblement par rapport à l'éclat brillant qu'elle a en dessous.

Ailes postérieures avec une tache ocellée large, de couleur plombée, avec un petit centre gris cerclé d'un vif anneau noir; les deux rayures sont bien indiquées.

Dessous. Les rayures sont presque oblitérées; ailes antérieures avec un point d'un noir brillant dont le centre est grisâtre, ailes postérieures, le point très marqué en dessus est presque oblitéré en dessous.

Cette espèce paraît être très voisine de *N. Aurantiaca*, mais elle est non seulement très distincte dans sa coloration et dans ses marques, mais encore par cette particularité d'avoir les points ocellés des ailes antérieures très apparents en dessous et très faibles en dessus, et ceux des ailes postérieures très brillants en dessus et, au contraire, très faibles en dessous.

9. **Nudaurelia Licharbas**, Maassen et Wern, *Beitr. Schmett*, fig. 89, 1886.

Envergure : femelle, 14 centimètres. Pl. 4, fig. 2.

Patrie, Afrique centrale.

Nous donnons la description d'après le type de Maassen et Wern au Museum de Berlin.

Femelle. Couleur générale, brun ferrugineux. Antennes d'un brun noirâtre.

Ailes supérieures, rayure interne obsolète; externe d'un brun noirâtre, sensiblement parallèle à la marge; zone médiane devenant rose brun aux approches de la rayure externe; la partie brun ferrugineux de cette zone ainsi que toute la zone externe sont recouvertes de squamules brun noirâtre. La tache hyaline est demi-circulaire, au centre d'un cercle de la couleur brune foncière, entouré d'un anneau étroit, noir.

Ailes inférieures de la même couleur que les supérieures, mais devenant jaunâtres vers leur bord anal; rayure interne brune, peu visible; tache de l'aile plus grande que celle des ailes antérieures; au centre, un demi-cercle hyalin dans un cercle jaune rougeâtre, ce dernier entouré d'un anneau noir, d'un autre plus large, rouge carmin, et d'un autre blanc; la zone médiane est rose contre la rayure externe, le reste comme pour les ailes supérieures.

10. **Nudaurelia Thyene,** WEYMER, Berlin, *Ent. Zeitz.*, Taf. VIII, vol. 41, 1896, fig. 1.

Envergure : femelle, 15 cm. 1/2. Pl. 4, fig. 3.

Patrie, Afrique centrale, région de Tanganika.

Femelle. De couleur fauve brunâtre criblée d'atomes bruns.

Ailes supérieures : rayure interne sinueuse, tricolore, étroite, brunâtre intérieurement, blanc terne au milieu et rougeâtre extérieurement ; la rayure externe est sensiblement parallèle à la marge, tricolore comme la rayure interne, mais les couleurs inversement disposées ; tache de l'aile formée d'un petit point hyalin central dans un cercle brun, entouré d'un anneau étroit noir auréolé de rose.

Ailes inférieures, fauve rosé à la base, rayure interne indistincte, faiblement indiquée par une traînée blanc rosé ; tache hyaline petite, dans un cercle brun, annelé tout d'abord finement de noir, puis d'un large anneau rouge et d'un autre anneau rosé assez large ; la rayure externe est plus large qu'elle ne l'est sur l'aile supérieure, et sa portion noire se fond en empiétant sur la zone externe. La frange des ailes est de la couleur du fond. Le dessous est moins foncé, les rayures internes disparaissent, les externes sont faiblement indiquées ; les taches sont aussi très affaiblies et ne présentent que leur cercle brun, mais sur l'aile supérieure l'anneau noir est visible, tandis qu'il ne l'est pas sur l'inférieure.

Cette espèce est représentée dans la collection de M. C. Oberthür.

11. **Nudaurelia Cytherea,** FABRICIUS *(Bombyx C.)*, *Syst. Ent.*, p. 557, n° 5, 1775.

Attacus Capensis, Cramer, *Pap. exot.*, pl. 302, A ; pl. 325, G. 1781.
Antheraea Huebneri, Kirb, *Trans. Ent. Soc. Lond.*, 1877, p. 20.
Echidna communiformis Cytherea, Hübn, *Samml. ex Schmett*, 1805.

Envergure : 12 cm. 1/2 à 18 centimètres. Pl. 5, fig. 1 et 2.

Patrie, Afrique australe, cap de Bonne-Espérance.

Varie du jaune verdâtre au jaune d'or, du brun jaune au brun olivâtre, ou du brun rouge au brun rosé.

Nous donnons la description d'après la coloration la plus commune, qui est le jaune d'ocre.

Le thorax est toujours de la couleur foncière des ailes ; il est orné en

SATURNIENS

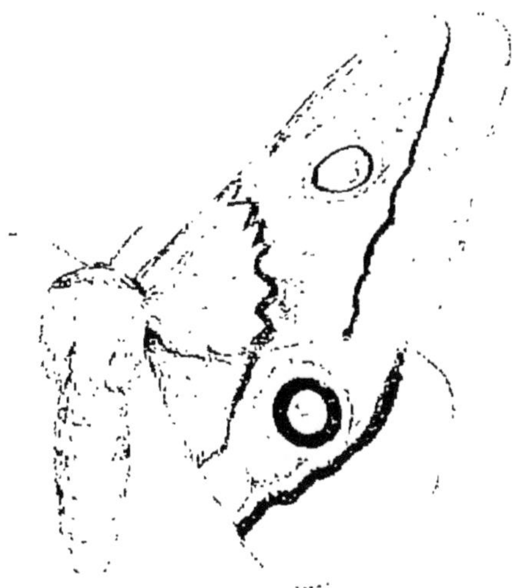

FIG. 1.

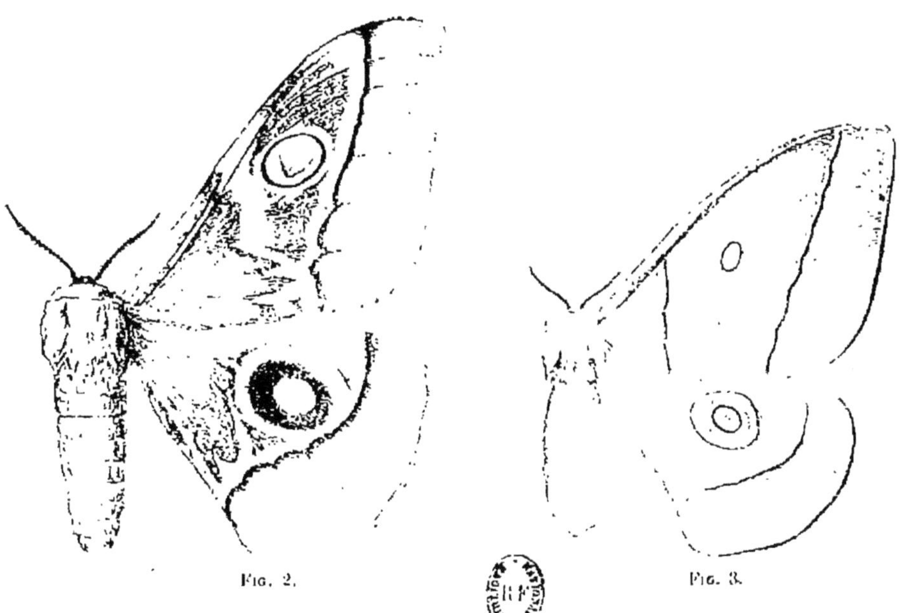

FIG. 2. FIG. 3.

Fig. 1. *Nudaurelia Cytherea*, Fabr.
— 2. — — Variété.
— 3. — *Rectilineata*, South.

avant d'un collier de poils de la couleur de la côte ; sur la partie postérieure se remarque également une bande de même couleur.

Le thorax et les ailes, surtout près de la base, sont recouverts de poils longs et laineux.

Mâle. Antennes de couleur fauve, fortement pennées, sauf les derniers articles qui sont impectinés; côte antérieure des ailes de couleur rouge brique ainsi que le dessous du corps.

Ailes antérieures : zone interne jaune d'ocre, avec sa portion basale rouge; rayure interne sinueuse, de couleur brune, lisérée de rose extérieurement; zone médiane jaune, fortement chargée de squamules rouges sur les limites des deux rayures et de la tache ; cette dernière subarrondie, hyaline, entourée de trois anneaux concentriques : le premier jaune, le second étroit, noir, le troisième rose; rayure externe presque parallèle à la marge, légèrement festonnée entre chaque nervure, rose intérieurement, brune extérieurement; zone externe jaune, avec quelques traces de squamules rouges dans le milieu de sa longueur.

Ailes inférieures, la tache hyaline de l'aile est plus petite que sur l'aile supérieure, mais l'anneau noir est beaucoup plus large, de sorte que l'ensemble de la tache est beaucoup plus grand; la rayure externe est tangente à l'anneau rose de la tache.

Les ailes sont légèrement incurvées sur la marge.

Femelle. Plus grande, de couleur un peu moins vive; la tache hyaline des ailes supérieures est plus grande que chez le mâle et l'anneau rose externe plus étroit. Le dessous des ailes est d'un rouge brique foncé près de la base, s'éclaircissant jusqu'au jaune orangé vers les marges; les rayures externes sont indiquées par une ligne bleuâtre et les taches ne montrent que leur portion hyaline enveloppée d'un cercle jaune bordé de noir; la portion de la zone médiane, contiguë à la rayure externe, est fortement chargée de squamules d'un blanc rosé.

Chez certains spécimens, la rayure interne s'avance plus ou moins sur la zone médiane et se réunit parfois, par les prolongement de ses angles, à la rayure externe au-dessous de la tache.

Chez les sujets à coloration foncière brune, les rayures sont bordées de blanc d'une façon plus large; vu l'extrême variabilité de cette espèce, nous figurons les deux variétés les plus remarquables.

La position de la tache sur les ailes postérieures est souvent variable et s'éloigne plus ou moins de la rayure externe. Cette dernière variété se trouve communément au Transvaal en février, avec le type.

12. **Nudaurelia Rectilineata**, SONTHONNAX. *Annales du Laboratoire d'Etudes de la Soie, Lyon*, vol. 9, p. 151, pl. 22, fig. 2, 1899.

Envergure : femelle, 12 cm. 1/2. Pl. 5, fig. 3.

Patrie, M'Pala (rives du Tanganika).

Femelle. Couleur foncière jaune de chrome un peu rougeâtre, antennes brun rouge; collier antérieur du thorax ainsi qu'une bande postérieure et la côte des ailes d'un jaune brun rosé; le bord anal des ailes inférieures, ainsi que la base de ces ailes, sont aussi de cette même couleur; rayure externe d'un brun violacé, liséré intérieurement de rose; vers la côte et sur la zone externe se remarquent des squamules assez densément disséminées, de couleur rose brun foncé; la marge est frangée de violâtre. Tache hyaline à peine visible, au milieu d'un ovale jaune cerclé de rouge et légèrement auréolé de squamules roses.

Sur les ailes inférieures, la rayure interne est simplement indiquée par une ligne courbe de poils roses, l'externe est parallèle à la marge; le point hyalin est un peu plus grand que sur l'aile supérieure, et placé au centre d'un cercle jaune, limité par un anneau étroit, noir, ce dernier suivi d'un large anneau rouge, et d'un autre étroit, blanc rosé; enfin une auréole rouge nébuleuse limite ce dernier anneau et se fond avec la couleur jaune de l'aile.

Pattes de couleur brun noirâtre extérieurement et d'un brun clair intérieurement; tout le dessous du corps est d'un brun rougeâtre; le dessous des ailes est de cette dernière couleur, les taches jaunes seulement sont visibles, ainsi que le brun de la rayure externe; zones médiane et interne d'une teinte plus rosée.

Le type appartient à la collection de M. C. Oberthür ; nous ne connaissons pas le mâle de cette espèce.

13. **Nudaurelia M'Palensis**, SONTHONNAX, *Annales du Laboratoire d'Etudes de la Soie*, t. IX, p. 152, pl. 22, fig. 3, 1899.

Envergure : mâle, 14 centimètres. Pl. 6, fig. 1.

Patrie, M'Pala (rives du Tanganika).

Un seul mâle dans la collection de M. C. Oberthür, dont voici la

SATURNIENS

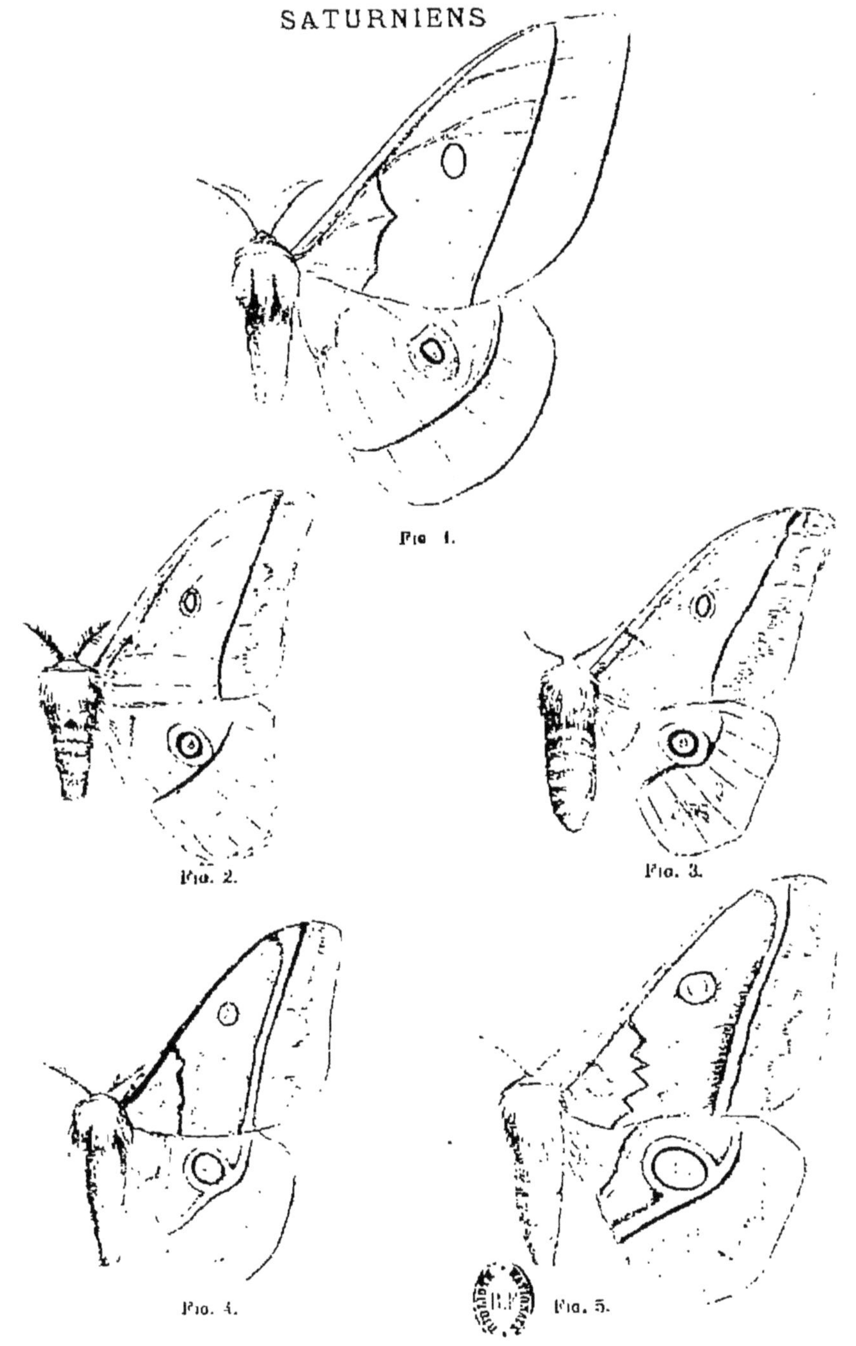

FIG. 1.

FIG. 2.

FIG. 3.

FIG. 4.

FIG. 5.

Fig. 1. *Nudaurelia Mpalensis*, South.
— 2 et 3. — *Dione*, Fabr.
— 4 et 5 — *Dione-Walbergi*, Boisd.

description : Antennes relativement longues, à derniers articles impectinés, de couleur fauve. Couleur générale brun fauve clair.

Tête, thorax et abdomen de la couleur foncière ; sur la côte des ailes se rencontrent des squamules blanc rosé s'étendant un peu sur le fond de l'aile ; la marge des ailes n'est pas falquée ; rayure interne brisée, étroite, brun rouge ; tache hyaline très petite, au centre d'un cercle jaune, liséré finement de noir et de brun rouge ; rayure externe brun noirâtre, parallèle à la marge, liserée intérieurement de squamules roses, beaucoup plus largement vers la côte ; zone externe saupoudrée de squamules roses, surtout vers l'apex.

Ailes inférieures, à base rosée, rayure interne indistincte, tache hyaline très petite, dans un cercle jaune, annelé finement de noir et enveloppé d'un anneau rouge vineux et d'un autre externe rose ; l'ensemble de cette tache a la forme d'un cercle aplati sur son côté interne.

14. **Nudaurelia Dione**, Fabricius *(Bombyx Dione)*, *Ent. Syst.*, III, p. 410, n° 9, 1793.

Bombyx Petiveri, Guer., *Bull. Soc. Séricicole*, 1845.
Antheraea simplicia, Maass. et Weym., *Beitr. Schmett*, fig. 94, 1872.
Saturnia Walbergi, Boisd, Delegorgue, *Voyage Afr. Austr.*, II, p. 600, 1847.
Antheraea Emini, Butl, *Proc. Zool. Soc. Lond.*, 1888.
— **Butleri**, Aurivillius.
— **Gueinzi**, Staudinger, *Stett. ent. Zeit.*, p. 120, 1872.

Envergure : 10 à 13 cm. 1/2. Pl. 6, fig. 2 et 3.

Patrie, Afrique équatoriale et australe.

Espèce extrêmement polymorphe et polychrome ; les mâles ont les ailes antérieures légèrement échancrées sur les marges, tandis que dans les espèces précédentes ces mêmes ailes étaient droites ou convexes ; les ailes inférieures ont leur contour extérieur généralement anguleux ; toutefois, chez certains spécimens, ce dernier caractère est à peine sensible. La coloration varie du jaune de chrome clair au jaune de chrome rougeâtre ou ferrugineux.

Nous donnons la description de la forme la plus commune qui se rencontre sur la côte occidentale africaine depuis la Côte d'Ivoire jusqu'au Congo.

Mâle. Ailes supérieures longues, à marge légèrement incurvée ; ailes inférieures à contour formant un angle saillant avant de se réunir au

bord anal; couleur foncière jaune d'or, antennes fauve clair à derniers articles impectinés ; la rayure interne est parfois obsolète ou incomplète, de couleur rose, presque blanche extérieurement ; la zone interne présente dans son milieu des poils roses ; sur la côte, dans ses deux premiers tiers, se remarquent des squamules rose brun foncé ; tache ocellée à centre hyalin ovale très petit, au centre d'un ovale jaune, liséré d'un anneau noir, puis de deux autres anneaux très étroits, l'un rose, l'autre rougeâtre.

La rayure externe s'incurve légèrement dans sa partie inférieure, d'un brun noirâtre ; vers la côte, à droite et à gauche de la rayure, se trouve un espace triangulaire, chargé d'écailles roses au centre, brunâtres sur les limites ; la zone externe est ornée, principalement dans sa moitié inférieure, d'une bande longitudinale en festons de poussière rose mélangée de brun.

Les ailes inférieures ont une tache plus large, mais qui présente le même système de coloration et d'anneaux ; la rayure interne est obsolète, l'externe, tangente au dernier anneau de la tache, est presque droite, brune, un peu nébuleuse ; sur la zone externe, on retrouve une traînée de squamules roses et brunes, comme sur l'aile supérieure.

Le dessous est d'un jaune plus terne et plus chargé de squamules roses ; les rayures internes sont nulles et les externes à peine indiquées : les taches sont visibles, mais très pâles.

Femelle. Même coloration que chez le mâle, mais les taches vitrées, quoique très petites, sont un peu plus grandes ; les ailes antérieures ont l'apex moins pointu, la marge à peine incurvée, et les ailes inférieures ont la saillie marginale moins développée, et souvent même le bord externe de ces ailes est absolument arrondi ; le corps est d'un jaune d'or plus vif sur le thorax, la partie supérieure des tibias et des tarses est de couleur grise ; les squamules brunes, qui chez le mâle sont répandues très faiblement sur la partie antérieure des grandes ailes et sur les zones externes, sont, dans ce sexe, répandues avec plus de profusion.

Les exemplaires que possède le Laboratoire répondent à cette description ; ils ont été capturés du 30 octobre au 10 décembre à Sierra-Leone ; ils mesurent 9 cm. 1/2 à 10 centimètres d'envergure. Par une anomalie assez singulière, la nervure 9 prend naissance sur la nervure sous-costale avant la base de la nervure 6, chez la femelle ; chez le mâle, cette même nervure 9 prend naissance au delà.

Les larves de cette espèce se transforment dans la terre sans tisser de coques soyeuses, à une profondeur de 2 à 3 pouces ; la transformation dure six mois. Nous donnons la description des diverses variétés de cette espèce.

Nudaurelia Dione Walbergi, Boisd. Pl. 6, fig. 4 et 5.

Sous ce dernier nom, Boisduval a décrit une variété assez répandue de cette espèce. La couleur foncière est le jaune de chrome foncé ; le fond des ailes est parsemé de poils brun rouge, surtout près de la côte antérieure et près des rayures ; les rayures sont très accentuées, même l'interne, et sont largement bordées de rose ; sur la zone externe, la bande longitudinale en festons est franchement rose ; enfin les taches des ailes ont leur partie hyaline plus large, surtout chez la femelle. Nous avons vu plusieurs exemplaires de cette variété dans la collection de M. C. Oberthür, provenant des rives du Tanganika ; elle mesure 10 à 12 centimètres.

Nudaurelia Dione Butleri, Aurivillius. Pl. 7, fig. 1.

Forme plus large, la femelle mesure 14 centimètres, d'un jaune très vif, sans squamules brunes disséminées ; l'œil des ailes supérieures est auréolé d'un cercle jaune, annelé d'une ligne étroite brun violacé ; la rayure interne est très nette, brisée, brun rosé intérieurement, rosé pur extérieurement ; sur la zone externe se remarque une bande festonnée longitudinale, un peu nébuleuse, de squamules brun violet ; l'œil hyalin des ailes inférieures est assez large, au centre d'un cercle jaune, liséré de noir, de rouge et de rose.

Muséum de Londres.

Nudaurelia Dione Emini, Butl. Pl. 7, fig. 2.

De la même taille que la précédente, la zone médiane est presque toute envahie par des squamules brun rouge violet ; la couleur rose disparaît sur les limites de la rayure interne et est à peine apparente sur le bord de la rayure externe ; le point hyalin des ailes antérieures a la forme d'une demi-lune, très petit, au centre d'un demi-cercle jaune, liséré par une ligne brune, étroite, très foncée.

Sur la zone externe, des festons de couleur brune, frange des marges brun violâtre; sur l'aile inférieure, la tache hyaline est au milieu d'un cercle jaune, bordé d'un anneau noir, d'un autre plus large, rouge, et d'un autre externe, rosé.

Muséum de Londres.

Nudaurelia Dione Gueinzi, Staud.

Envergure : mâle, 12 centimètres; femelle 14 centimètres. Pl. 7, fig. 3.

La rayure externe est moins parallèle à la marge; couleur jaune brun ferrugineux; les rayures sont très apparentes, d'un brun rouge, bordé de rose; la tache des ailes supérieures est très petite, au centre d'un cercle brun, annelé de noirâtre, puis de rose; sur l'aile inférieure, l'anneau noir est assez large et se trouve enveloppé d'un anneau rose, sans trace de l'anneau rouge que l'on remarque chez les variétés précédentes.

Les zones externes sont recouvertes, dans leur milieu, de squamules roses.

Antennes des mâles largement pectinées, d'un brun rouge, celles des femelles sont à dents simples, très courtes.

Le dessous est d'un brun rouge vif; la portion de la zone médiane, contiguë à la rayure externe, est plus blanche; la rayure interne manque sur les deux ailes, mais l'externe, qui est un peu sinueuse sur l'aile inférieure est rectiligne en dessous.

Collection du Laboratoire, Muséum de Berlin et collection de M. le Dr Staudinger.

14. **Nudaurelia latifasciata**, *Nov. Sp.*

Envergure, mâle 13 centimètres. Pl. 11, fig. 1.

Patrie, Dahomey.

Antennes de longueur moyenne, impectinées au sommet. Couleur foncière jaune de chrome clair, tête, thorax et abdomen de même couleur.

Ailes antérieures : rayure interne brisée à son point de rencontre avec la nervure médiane, large, d'un roux vineux uniforme; zone médiane un peu chargée dans sa portion inférieure de poils rougeâtres, au centre une tache hyaline très petite au milieu d'un ovale jaune vif cerclé finement de rouge; rayure externe large, rouge vineux, s'élargissant vers la côte antérieure, parallèle à la marge de l'aile.

SATURNIENS

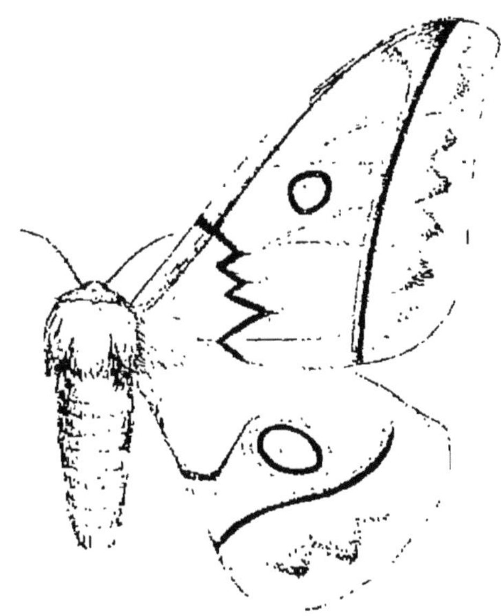

FIG. 1.

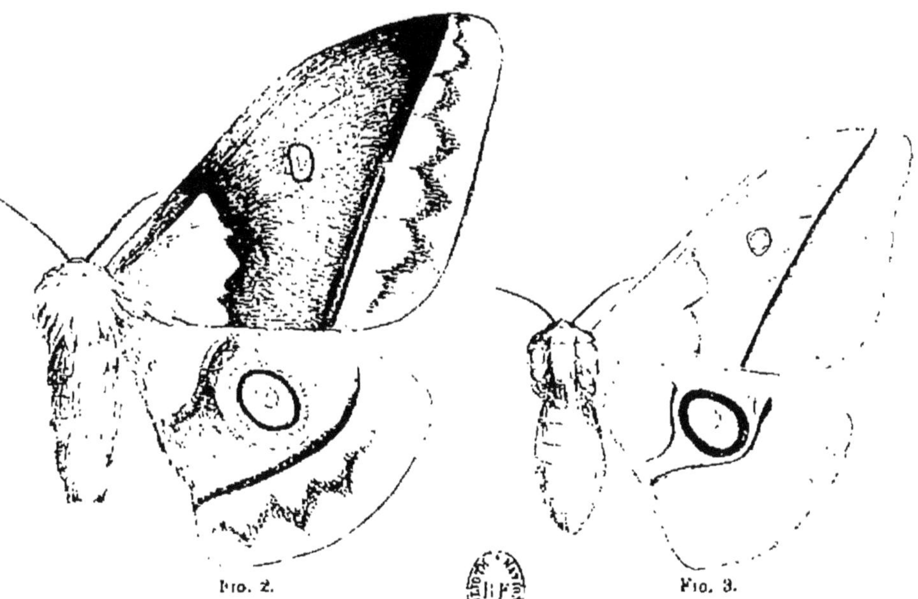

FIG. 2. FIG. 3.

Fig. 1. *Nudaurelia Dione-Butleri*, Aurivil.
— 2. — *Dione-Emini*, Butl.
— 3. — *Gueinzi*, Staud.

SATURNIENS

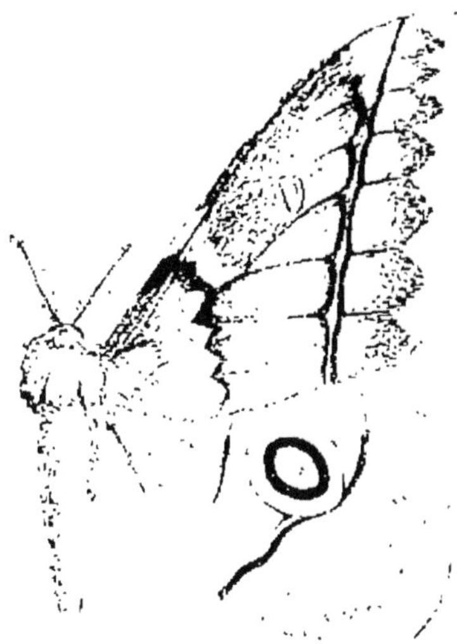

Fig. 1.

Fig. 2.

Fig. 1. *Nudaurelia Anthina*, Karsh.
— 2. — *Persephone*, Staud.

Ailes inférieures : les deux rayures se rejoignent au-dessus de la tache en formant un cercle rouge, large autour de celle-ci ; la tache de cette aile est plus grande, un demi-cercle hyalin au centre d'une tache subrhomboïdale jaune vif, finement lisérée de noir et enfin auréolée plus largement de rouge vif.

Le dessous est d'un jaune moins vif, plus rosé surtout sur les ailes inférieures et vers le bord inférieur des premières ailes ; la rayure externe seule est visible sur les deux ailes et les taches ne montrent que le point vitré.

Nous devons cette espèce à l'obligeance de M. de Labonnefond, curé de Cercoux, qui a bien voulu nous céder son unique spécimen pour notre Musée.

15. **Nudaurelia Anthina,** Karsh (*Antheraea A.*), *Berlin.Ent. Zeit*, pl. 19, fig. 1 et 2, 1892.

Antheraea Preussi, Staud.
— **Persephone,** Staud.

Envergure : 13 à 14 centimètres. Pl. 8, fig. 1.

Patrie, Cameroun.

Diffère de *N. Dione Güienzi* par la rayure externe parallèle à la marge.

Caractères communs aux deux sexes : couleur foncière jaune d'ocre rougeâtre, parsemée, sur les ailes supérieures, de squamules brun rouge foncé. Ailes supérieures, rayure interne sinueuse brisée, de couleur brun rouge, bordée extérieurement de squamules blanc rosé vineux ; sur le milieu de la zone interne existe un espace recouvert de poils brun rosé ; rayure externe droite parallèle à la marge, formée de deux lignes brun noir, parallèles, l'interne très faible, l'externe plus épaisse, séparées par une ligne de squamules blanc rosé, cette dernière ligne s'élargit et forme un triangle en se réunissant à la côte antérieure de l'aile ; la tache a un centre hyalin semi-circulaire, liséré de jaune. La zone externe offre, dans toute sa longueur, une fascie dentelée rose, parsemée de squamules brunes, ces dernières plus denses sur le côté interne et dans la portion supérieure de la zone.

Les nervures sont recouvertes de squamules brunes à partir de la zone médiane jusqu'à la marge, sauf sur la fascie rosée de la zone externe, où elles sont recouvertes, au contraire, de squamules plus claires que celles de la bande rose qu'elles traversent; marge des ailes rose vineux foncé.

Ailes inférieures : les zones interne et médiane sont rose vineux dans leur moitié antérieure; elles deviennent insensiblement jaunes vers le bord anal; rayure interne brune, sinueuse, lisérée de poils rosés extérieurement; rayure externe sinueuse, tangente au dernier anneau de la tache.

Tache hyaline subarrondie, petite, dans un cercle jaune d'ocre auréolé d'un anneau noir et d'un autre anneau blanc rosé. Zone externe très large, ornée dans son milieu d'un espace dentelé de couleur rose parsemé de squamules brunes.

Chez le mâle, les ailes antérieures sont assez pointues avec une marge légèrement incurvée, les ailes inférieures ont leur contour formant un angle obtus; chez la femelle, les ailes supérieures sont un peu moins incurvées et les inférieures plus arrondies.

Les antennes des mâles sont de couleur fauve, bien plumeuses, celles des femelles sont à dents très courtes, doubles et pointues. Le dessous des ailes n'a pas de rayure interne visible, l'externe seule est représentée par une ligne brune, les taches vitrées sont auréolées d'un seul anneau jaune plus apparent que sur le dessus; sur la zone externe l'espace rose du dessus est représenté plus vivement; la portion basale des ailes antérieures est de couleur rose vineux, et la zone médiane est presque entièrement recouverte de squamules blanc rosé, surtout vers la rayure externe.

Collection du Laboratoire.

Variété *N. Anthina Persephone*. Staudinger, (pl. 8, fig. 2) de taille un peu plus forte, le mâle atteint 15 centimètres d'envergure. Les ailes antérieures sont d'un brun foncé rougeâtre, les rayures sont d'un rose plus clair, ainsi que la bande festonnée qui parcourt la zone externe.

Les ailes inférieures ont leur moitié antérieure depuis la base jusqu'à la rayure externe d'un rose vif, l'autre moitié est d'un beau jaune de chrome vif; la zone externe est jaune du côté de la rayure et vers son bord antérieur, le reste est du même brun que celui des premières ailes avec des traces de squamules roses près de l'angle anal.

Collection de M. le Dr Staudinger.

16. **Nudaurelia arata,** Westwood *(Saturnia A), Proceed. Zool. Soc. London*, 1849, p. 41, pl. 7, fig. 2.

Antheraea arata, Maassen et Weym., *Beitr. Schmett*, fig. 59, 1881.

Envergure : 10 à 12 centimètres. Pl. 9, fig. 1.

Patrie, Afrique centrale et australe.

La couleur foncière varie du brun fauve au jaune clair, avec zone externe plus ou moins brune dans le premier cas ou plus ou moins rouge dans le second.

Nous donnons la description d'après le type de Westwood. Ailes antérieures presque égales dans les deux sexes, mais très légèrement incurvées avec l'extrémité anguleuse chez le mâle. Ailes d'un jaune brillant, avec quelques traces de brun livide ou rougeâtre près de la base. Tache ocellée de grandeur moyenne : au centre un point hyalin dans un cercle brun auréolé d'un anneau étroit brun noir et d'un autre rose rougeâtre; rayure interne brun livide très ondulée, externe d'un brun pourpré, presque droite ; une ligne sinueuse très festonnée entre chaque nervure traverse l'aile du bord antérieur au bord inférieur en passant par le côté externe de la tache. Zone externe marquée de couleur livide du côté de la rayure et de rougeâtre du côté de la marge, ces deux couleurs séparées par une ligne longitudinale festonnée entre chaque nervure et de la couleur jaune foncière, sauf le sommet de la zone qui est en entier de la couleur foncière.

Les ailes inférieures sont plus ou moins teintées de rouge à la base, les rayures interne et externe sont sinueuses, dentelées, de la même couleur que sur les ailes supérieures, elles sont très accentuées vers le bord anal, et s'affaiblissent au point de disparaître en se rapprochant du bord antérieur ; la tache est plus grande que sur les autres ailes ; au centre une fine ligne hyaline, dans un cercle noir entouré d'un anneau livide ombré de rouge extérieurement puis d'un cercle étroit blanc et enfin d'un large anneau rouge. La zone externe présente la même ornementation que sur les autres ailes. Thorax jaune, pattes d'un brun livide.

Le dessous est beaucoup moins brillamment coloré que le dessus, et la grande tache des ailes inférieures est presque oblitérée. Chez le mâle, la partie vitrée de la tache supérieure est beaucoup plus petite que chez la femelle, et chez cette dernière la tache inférieure est plus vivement colorée.

Palpes courts, mais distincts et larges.

Les individus provenant des rives du Tanganika et que nous avons pu voir dans la collection de M. C. Oberthür sont de taille plus petite, 9 cm. 3/4 les mâles, avec les zones externes plus rouges que dans le type.

17. **Nudaurelia Belina**, Westwood *(Saturnia B.)*, *Proceed. Zool. Soc. Lond.*, 1849, p. 41, pl. 8, fig. 2.

Envergure : mâle 11 centimètres; femelle 12 cm. 1/2. Pl. 9, fig. 2, 3. Patrie, Afrique méridionale et orientale.

Caractères communs aux deux sexes : couleur foncière gris jaunâtre obscur, mélangé de squamules brun foncé; ailes supérieures, rayure interne brune sinueuse, sans dentelures profondes, bordée de blanc extérieurement; rayure externe presque droite, brune, bordée de blanc sur son côté interne.

Zone médiane parsemée de poils blancs vers la côte antérieure et près des rayures; tache de l'aile semi-circulaire, vitrée, bordée de fauve, surarrondie par un cercle étroit noir, un autre gris jaunâtre et un externe blanc; zone externe de la couleur foncière, mais chargée de squamules blanches dans son milieu.

Ailes inférieures de la même couleur, mais la moitié antérieure de la base jusqu'à la rayure externe est d'un rose plus ou moins pâle, rayure interne faiblement indiquée et non contiguë à la tache, l'externe arrondie et très légèrement tangente à cette dernière; tache ocellée à centre hyalin petit, demi-circulaire, dans un cercle fauve rougeâtre entouré d'un large anneau noir, d'un anneau gris jaunâtre et d'un anneau blanc. Le thorax est de la couleur des ailes, mais on remarque un peu avant le bord antérieur un collier étroit de poils blancs, l'abdomen est fortement coloré de fauve.

Les ailes en dessous sont grises, les antérieures teintées de rose à leur base, les anneaux colorés entourant la tache vitrée ne sont pas visibles sur les ailes inférieures ainsi que les rayures internes.

Les palpes sont aplatis et abaissés, l'insertion des barbules des antennes chez les mâles présente cette particularité que les barbules basales des articles prennent naissance sur le côté latéral de ces derniers, tandis que les barbules de l'extrémité prennent naissance sur le côté supérieur. Les antennes, chez la femelle, sont à doubles dents, mais très courtes.

SATURNIENS

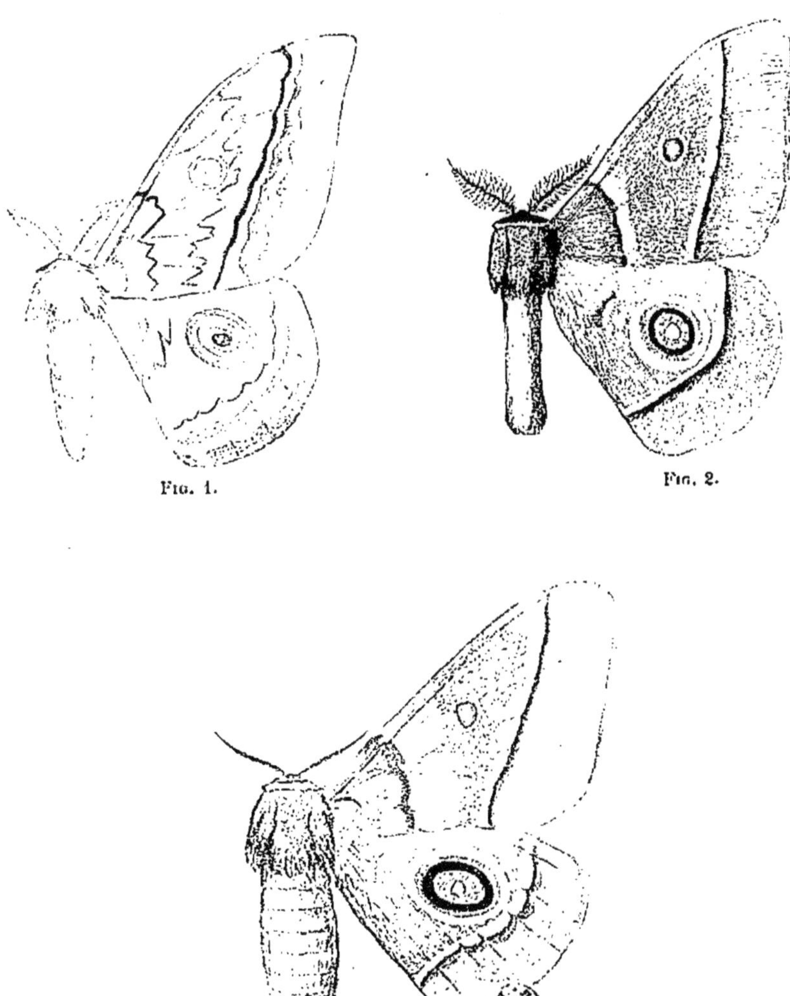

FIG. 1. FIG. 2. FIG. 3.

Fig. 1. *Nudaurelia Arata*, Westw.
— 2 et 3. — *Belina*, mâle et femelle, Westw.

SATURNIENS

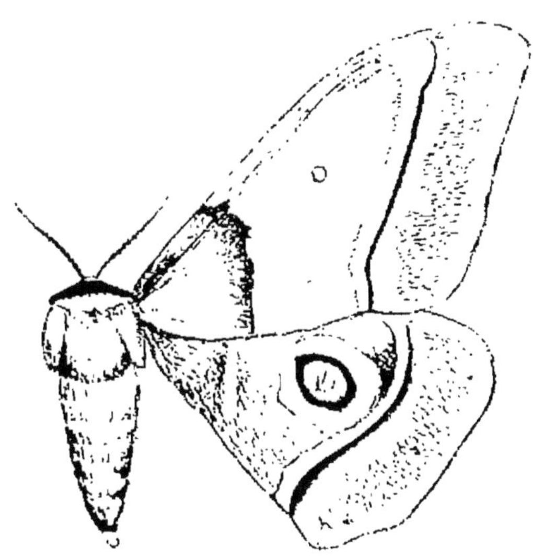

Fig. 1.

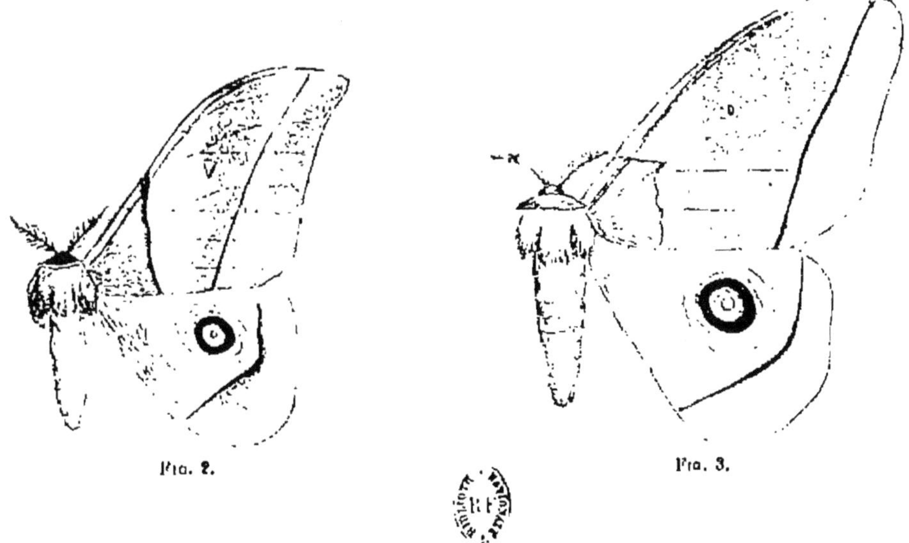

Fig. 2.

Fig. 3.

Fig. 1. *Nudaurelia Sardane*, Maassen.
— 2. — *Alopia*, Westw.
— 3 *Bunaea Nictitans*, Fabr.

Les deux sexes ont sensiblement la même forme, mais chez le mâle la taille est moindre et les couleurs généralement plus vives.

Cette espèce se transforme sans tisser de coques soyeuses, d'après M. Distant, et n'est pas rare à Prétoria d'octobre à novembre.

Collection du Laboratoire.

18. **Nudaurelia Osiris**, DRUCE *(Antheraea Osiris)*, *Annals and. Magazine of. Natural history*, vol. XVII, p. 354, 1896.

Envergure : mâle 11 cm. 1/2; femelle 13 à 15 centimètres.

Patrie, Afrique orientale (Dar-es-Salaam).

Mâle. Ailes antérieures d'un fauve jaunâtre; rayure interne blanche peu sinueuse, externe blanche également, mais bordée de brun noirâtre extérieurement; parallèle à la marge; tache vitrée à peine auréolée d'une fine ligne brunâtre.

La zone médiane est fortement chargée de poils blanc dans sa moitié interne, très peu dans son autre moitié.

Ailes inférieures d'un rose brunâtre pâle jusqu'à la zone externe, cette dernière de la couleur foncière jaune fauve, tache hyaline petite au centre d'un cercle orangé, ce dernier annelé de noir, de jaune pâle et de blanc, les rayures sont indiquées comme sur les autres ailes, les franges de toutes les ailes sont de couleur fauve.

En dessous, toutes les ailes ont la rayure externe comme le dessus, mais très poudrée de blanc. Tête, antennes, thorax et abdomen fauves, le collier antérieur du thorax bordé de blanc en arrière, pattes brunes.

Femelle. Tout à fait semblable au mâle, mais les rayures blanches des ailes sont légèrement plus larges et plus distinctes, les antennes sont noires, le dessous est aussi plus sombre de couleur que chez le mâle.

19. **Nudaurelia Sardane**, MAASSEN, *in. lit.*

Envergure : mâle 13 centimètres; femelle 14 centimètres. Pl. 10, fig. 1.

Patrie, Afrique australe.

Mâle. Antennes fauve clair, modérément larges, à derniers articles impectinés, couleur générale fauve parsemée de poils bruns; rayure interne droite, un peu sinueuse dans sa partie supérieure, brune, lisérée de blanc rosé extérieurement; rayure externe brun noir, bordée de blanc rosé intérieurement; tache vitrée subtriangulaire, finement lisérée de brun,

Thorax fauve avec collier antérieur bordé de blanc en arrière, abdomen d'un fauve rosé.

Ailes inférieures d'un rose vineux sur les zones interne et médiane, fauves et très faiblement parsemées de poils bruns sur la zone externe; rayure interne blanche presque indistincte, externe brune bordée de blanc intérieurement; tache vitrée demi-circulaire, au centre d'un cercle orangé rouge, cerclé d'un anneau noir large, d'un autre fauve et enfin d'un autre blanc.

Le dessous est fauve, saupoudré de squamules brunes et de squamules blanches, la base des ailes antérieures est d'un rose vineux, les rayures internes sont nulles, les externes seules sont visibles et marquées seulement par une coloration brun clair, les taches des ailes n'ont de visible que la partie vitrée.

Femelle. Même coloration, rayure interne plus sinueuse, zone interne chargée de poils blancs, ainsi que la zone médiane dans sa moitié interne seulement.

Les ailes inférieures comme chez le mâle.

Nous considérons cette espèce comme une simple variété locale d'*Osiris*.

Collection du Laboratoire.

20. **Nudaurelia Alopia,** Westwood *(Saturnia A.)*, *Proceed. Zool. soc. London*, 1849, p. 55.

Envergure : mâle 10 cm. 1/2. Pl. 10, fig. 2.

Patrie, Afrique tropicale.

Mâle. Ailes antérieures de couleur cuir brunâtre, rayure interne presque droite, non coudée, brune, lisérée de blanc rosé extérieurement ; cette dernière couleur s'étend en s'affaiblissant sur la zone médiane, surtout dans la partie supérieure des ailes ; tache petite, vitrée en demi-cercle, auréolée nébuleusement de brun noirâtre. Rayure externe brune, presque droite, lisérée extérieurement de blanc rosé, très largement vers l'apex, intérieurement à cette rayure et vers la côte se remarque aussi un espace triangulaire de squamules rosées.

L'œil de l'aile inférieure est petit, dans un cercle brun entouré d'un anneau noir, d'un autre de la couleur du fond et d'un autre blanc terne,

Ailes inférieures roses vers la côte antérieure, le restant de l'aile de la couleur foncière, rayure externe coudée à angle obtus un peu au-dessus de son milieu.

Thorax avec collier antérieur liséré de blanc, antennes brun sombre, plutôt petites. Palpes distincts, mais petits.

Collection du Laboratoire.

5e Genre. — **Bunaea.**

Hübner, *Verz. bek. Schmett*, p. 154, 1822.

Tache de l'aile supérieure petite, vitrée, non auréolée; rayure interne non interrompue; sur les ailes inférieures, la tache hyaline est petite, entourée de trois ou quatre anneaux diversement colorés.

Les ailes inférieures ont leur contour arrondi, sans saillie latérale.

Ce genre peut se sectionner en trois divisions assez distinctes :

1° Les espèces à taches de l'aile antérieure petite, triangulaire, mais dont le dessous des ailes ne présente pas de taches brunes multiples entourant ou tenant la place des taches normales.

2° Les espèces dans le même cas, mais dont la tache de l'aile supérieure est rectangulaire ou bidentée;

Enfin, 3° Les espèces à tache de l'aile supérieure petite, angulaire, et dont le dessous offre des taches multiples, irrégulières, brunes, entourant ou occupant la place des taches habituelles et offrant en plus, près de la base de l'aile inférieure, une petite tache oblongue brune.

Nous n'adoptons pas, présentement, ces trois divisions, attendu que beaucoup de ces espèces sont encore trop rares dans les collections, et que pour plusieurs espèces nous manquons de renseignements; n'ayant pu les examiner toutes avec assez d'attention, nous n'en parlons qu'à titre indicatif.

1. **Bunaea Nictitans**, Fab. *(Bombyx N.)*, *Syst. Ent.*, p. 558, n° 8, 1775.

Envergure : mâle 11 cm. 1/2; femelle 13 centimètres. Pl. 10, fig. 3.

Patrie, Afrique équatoriale occidentale.

Mâle. Antennes de quarante articles, palpes courts mais distincts,

Varie du brun fauve, légèrement rosé, au fauve clair ferrugineux parsemé de squamules brunes; rayure interne coudée dans sa partie supérieure.

Ailes supérieures légèrement plus foncées que le fond, bordées de blanc rosé extérieurement, cette couleur s'atténuant en s'éloignant de la rayure, mais disparaissant au premier tiers de la zone médiane; la tache se compose d'un petit œil vitré non auréolé, rayure externe brune, presque droite, très étroite, bordée de blanc rosé intérieurement, cette dernière couleur s'élargit près de la côte.

Chez les espèces à fond clair, on remarque une série de poils brun foncé sur les zones médiane et externe; le milieu de la zone médiane est occupé par un espace plus foncé, limité des deux côtés d'une façon rectiligne, et sur lequel n'existe aucune trace de squamules rosées.

Ailes inférieures d'un rose clair vers la base et vers le bord antérieur, le restant des ailes de la couleur foncière; tache hyaline petite, allongée, dans un cercle brun entouré d'un anneau noir, d'un autre brun clair et d'un autre externe rose.

Rayure interne obsolète, externe, coudée, et forme un angle obtus au-delà de la tache.

Femelle. Semblable, mais plus grande.

Muséum de Berlin et collection de M. C. Oberthür.

2. Bunaea intermiscens, Walker *(Antheraea I.), Cat. Lep. Het. B. M.* p. 344, t. VI, 1869.

Envergure : mâle 12 centimètres ; femelle 13 cm. 1/2. Pl. 15, fig. 1.

Patrie, Congo, Cameroun.

Mâle. Couleur foncière, brun jaune olivâtre ; ailes supérieures falquées, rayure interne droite, étroite, brune, accompagnée sur la zone médiane de squamules roses, qui envahissent presque la moitié de cette zone, et qui forment sur celle-ci une surface rose dentelée irrégulièrement ; rayure externe étroite, rose, bordée finement de brun extérieurement, oblique par rapport à la marge, s'éloignant de celle-ci en se rapprochant du bord inférieur; tache triangulaire sans trace d'auréole ; sur la zone externe se remarquent, près du bord inférieur surtout, et contre la rayure, des squamules, roses s'étendant plus ou moins sur la surface de cette zone.

SATURNIENS

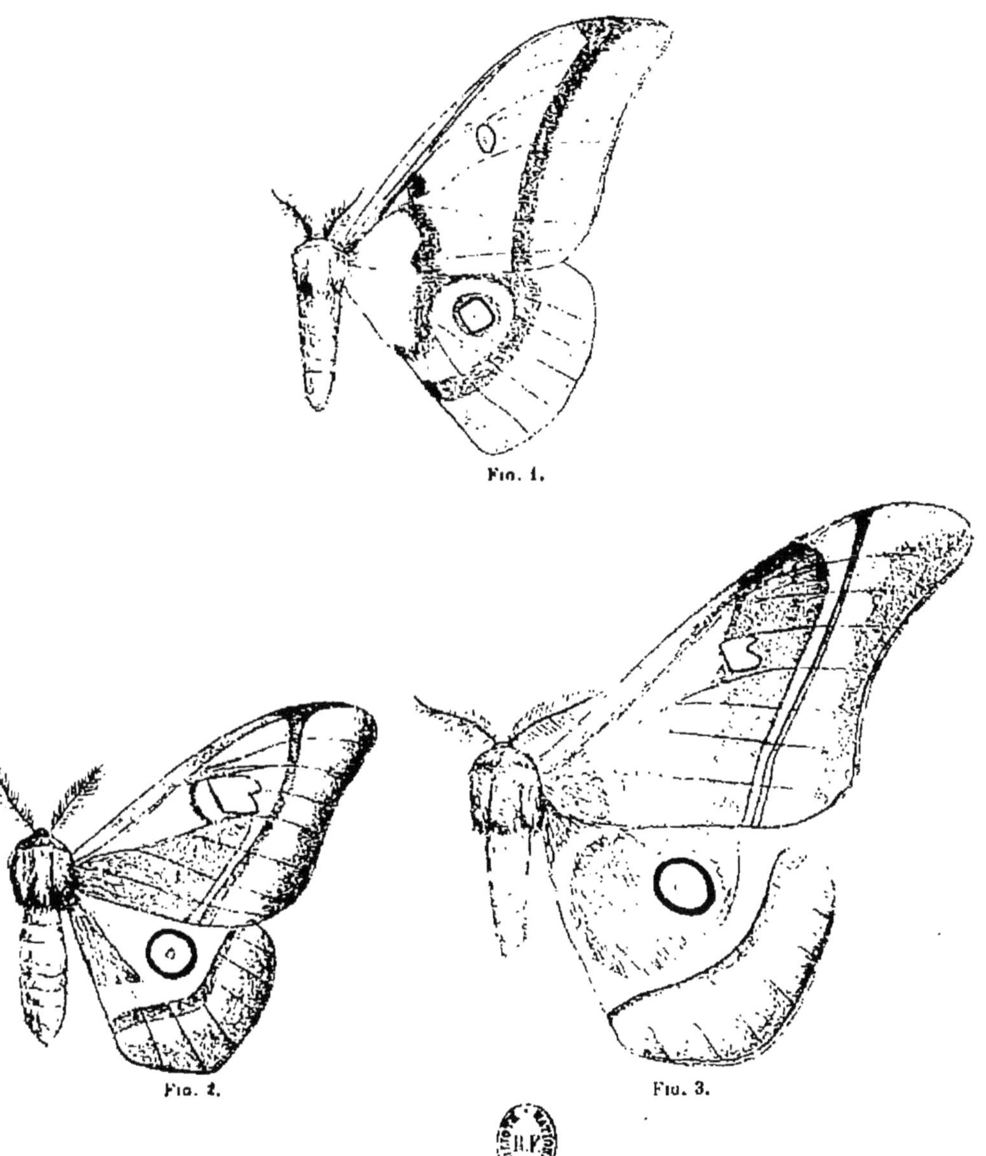

FIG. 1.

FIG. 2.

FIG. 3.

Fig. 1. *Nudaurelia latifasciata*, South.
— 2. *Bunaea Diospyri*, Mabille.
— 3. — *Aslauga*, Kirby.

SATURNIENS

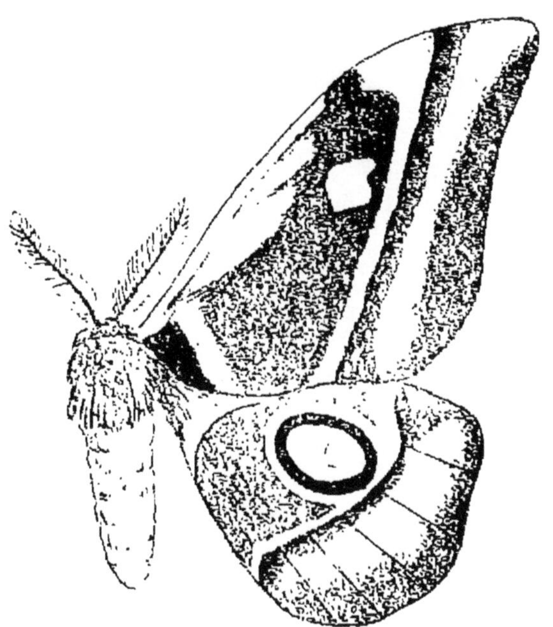

Fig. 1.

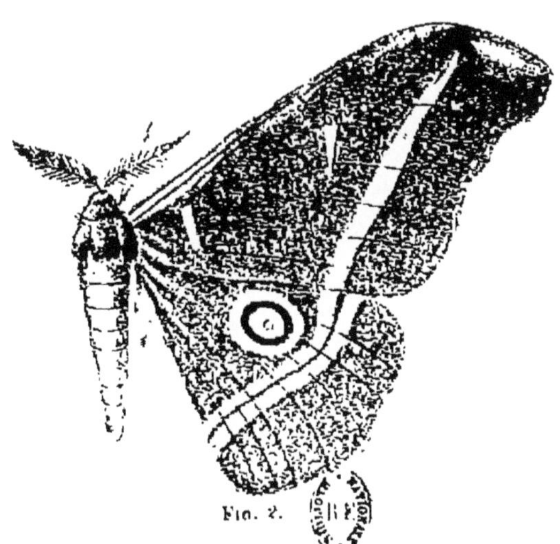

Fig. 2.

Fig. 1. *Bunaea Plumicornis*, Butl.
— 2. — *Tricolor*, W. Rothsch.

Ailes inférieures : rayure interne brune et rose, contournant la tache ocellée à moitié distance de cette dernière et de la base de l'aile ; rayure externe indiquée comme sur l'aile supérieure; tache de l'aile à centre vitré subtriangulaire, au milieu d'un cercle brun jaune, entouré d'un anneau noir, légèrement auréolé de gris et d'un anneau blanc terne; le bord antérieur de l'aile est d'un rose saumon un peu terne.

Le dessous des ailes ne présente que les points vitrés sans aucune trace d'auréole, le bord inférieur des premières ailes est d'une couleur saumon, le restant des ailes d'un brun olivâtre parsemé de squamules brunes; quelques poils roses se remarquent à partir du milieu de la zone médiane jusqu'à la base de l'aile, et sur la moitié de la zone externe où ces poils forment des surfaces de forme dentelée.

Le corps est d'un jaune olivâtre, l'abdomen de couleur fauve un peu rosé ; le collier antérieur du thorax est finement liséré de rose, ainsi que les paraptères. Antennes brunes.

La femelle a les ailes antérieures un peu moins échancrées et la taille plus forte.

Bunaea Antigone, Staud., est une variété du Cameroun, de coloration plus claire, aux lignes de poils rosés du thorax plus accentuées, les zones externes sur les deux ailes sont très fortement et dans toute leur longueur ornées de squamules roses formant une surface de cette couleur, dentelée entre chaque nervure.

3. **Bunaea Eblis**, Strecker, *Lep.*, p. 121 (1876), p. 128, t. XIV, fig. 9, 1878.

Envergure : mâle et femelle 20 centimètres. Pl. 14, fig. 1, 2.

Patrie, Afrique occidentale, Cameroun.

Mâle. Couleur foncière noir brun, rougeâtre, rayure interne brisée d'un blanc vif, quelquefois peu distincte; rayure externe droite, croisée par un trait blanc à chaque intersection des nervures; tache hyaline, petite, triangulaire; corps brun avec un collier antérieur liséré de rouge, antennes fauves, larges, impectinées à l'extrémité. Ailes longues, très falquées. Ailes inférieures à contour un peu anguleux avec rayures internes et externes blanches; au centre de l'aile une tache hyaline en demi-lune, au centre d'un cercle brun, auréolé de trois anneaux : un noir, un rouge, et un externe blanc rosé.

Femelle. Ailes antérieures pointues, non falquées, à marge plutôt convexe, de coloration plus claire ; la tache de l'aile supérieure est plus grosse, le reste de l'ornementation est semblable ; toutefois les nervures forment à leur intersection avec la rayure externe, un trait blanc plus accentué ; sur la zone externe se remarquent souvent, surtout dans la partie inférieure, des squamules blanc rosé.

Muséum de Berlin et de Londres.

Collections de MM. Oberthür et W. Rothschild.

4. **Bunaea tricolor**, W. Rothschild, *Nov. Zool.*, II, p. 38, 1895.

Envergure : mâle 14 centimètres. Pl. 12, fig. 2.

Patrie, Abyssinie (Bogos).

Mâle. D'un brun uniforme, légèrement saupoudré de brun clair près de la côte, thorax de même couleur, abdomen plus fauve, antennes fauve clair, longues et bien plumeuses.

Rayure interne peu accentuée, indiquée par une traînée linéaire gris blanchâtre ; externe plus accentuée dans sa portion inférieure, très faible vers la côte. Tache vitrée en triangle allongé ; sur les ailes inférieures, pas de rayure interne, externe double, formée de deux bandes blanchâtres presque contiguës, l'interne étroite, séparée de l'externe, qui est deux fois plus large, par une ligne étroite de la couleur foncière ; tache petite hyaline, au centre d'un cercle orangé auréolé d'un anneau noir large et d'un anneau étroit externe, blanc.

5. **Bunaea Jamesoni**, Druce, *Jameson Story of Rear Column*, p. 448, 1890.

Gonimbrasia rubricostalis, W. F. Kirby, *Ann. and Mag. nat. Hist.*, vol. X, p. 174, pl. 11, fig. 2.

Envergure : 12 centimètres. Pl. 13, fig. 2.

Patrie, Sierra-Leone, Congo.

Mâle. De couleur brun foncé, ailes antérieures, rayure interne peu sinueuse, noirâtre, lisérée extérieurement de squamules blanc bleuâtre, rayure externe oblique, par rapport à la marge aboutissant vers le deuxième tiers du bord inférieur de l'aile, recouverte de squamules blanc bleuâtre, cette couleur s'élargissant vers la côte antérieure de l'aile ; la tache vitrée est ponctiforme, à peine visible ; la portion de la

SATURNIENS

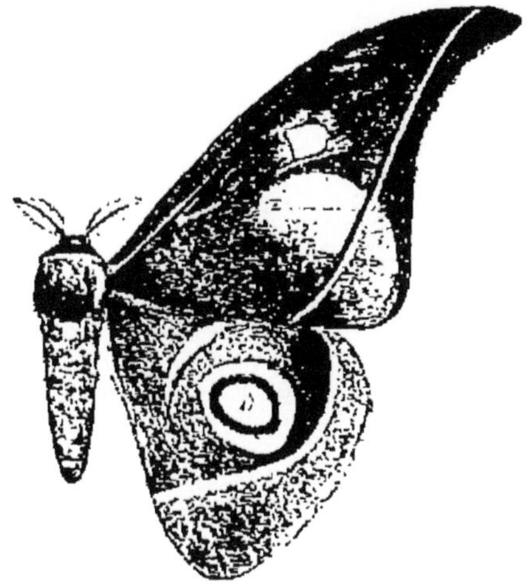

Fig. 1.

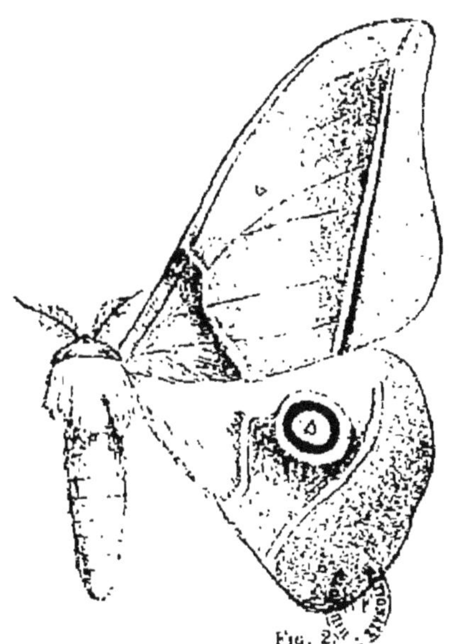

Fig. 2.

Fig. 1. *Bunaea Mitfordi*, Kirby.
— 2. — *Jamesoni*, Druce.

zone médiane située entre le point hyalin et la marge externe est d'un brun très sombre. Les ailes postérieures ont leur moitié antérieure jusqu'à la zone externe d'une belle couleur rose vif, l'autre moitié est de la couleur foncière, ainsi que la zone externe, les deux rayures sont indiquées par des squamules blanches ; tache vitrée très petite, lenticulaire, au centre d'un cercle brun, auréolé de noir et de couleur blanc jaune terne.

Le dessous est chargé de poussière grise, la rayure externe est indiquée par une ligne brune suivie de gris bleuâtre sur le côté interne, le bord inférieur des premières ailes est de couleur rose.

Ailes légèrement falquées.

Muséum de Londres.

6. **Bunaea Mitfordi**, W. F. Kirby, *Ann. and Mag. Nat. Hist.* vol. X, p. 173, pl. 11, fig. 1.

Envergure : mâle 11 cm. 1/4. Pl. 13, fig. 1.

Patrie, Sierra-Leone.

Mâle. Brun noir sombre, thorax de la même couleur, mais le collier antérieur est finement liséré de rouge sombre, la surface interne des pattes est aussi de cette dernière couleur.

Ailes supérieures : tache vitrée semi-elliptique, entourée de quelques squamules rouge sombre dont on retrouve encore des traces sur la portion de l'aile contiguë à la côte; rayure externe presque droite, grise, descend un peu avant l'apex sur le deuxième tiers du bord inférieur; un espace couvert de squamules blanchâtres occupe la portion inférieure de la zone externe et s'étend sur la zone médiane jusque vers la tache.

Ailes inférieures : tache vitrée, petite, ovale, dans un cercle brun jaune, auréolé d'un anneau noir et d'un autre externe rouge ; la zone externe est plus distincte que sur l'aile supérieure, elle est plus accentuée vers le bord anal ; zone interne faiblement indiquée par un arc grisâtre. Le dessous est d'un gris brun sombre, rayure externe brune avec quelques squamules grises, les squamules rouges sont plus pâles que dessus, l'espace occupé en dessus par des squamules grises est plus crayeux en dessous, le point vitré des ailes inférieures est seul visible.

Les ailes antérieures sont pointues, fortement falquées, les postérieures légèrement allongées à l'angle anal ; antennes rougeâtres, surtout en dessous.

7. **Bunaea Laestrygon**, Mab. *(Antheraea L.)*, *Bull. Soc. Ent. France* (5), p. clxxx, 1877.

Envergure : 21 à 24 centimètres.

Patrie, Congo.

Mâle. De couleur brun clair vineux, ailes supérieures, rayure interne sinueuse, de couleur blanc rosé, rayure externe rectiligne, brun noirâtre, étroite, elle prend naissance vers la pointe apicale et se termine un peu plus loin que le milieu du bord inférieur ; sur la zone externe des squamules blanc rosé forment une bande contiguë à la rayure externe, qui est dentelée du côté de la marge; tache subtriangulaire vitrée.

Ailes inférieures, tache hyaline lenticulaire très faible, dans un cercle brun noir liséré d'un anneau noir, d'un autre anneau rouge orangé et enfin d'un externe rose; une auréole nébuleuse rouge s'affaiblit en se répandant sur le disque de l'aile.

Femelle. D'un brun plus jaunâtre, rayure interne brunâtre, nébuleuse, accompagnée de squamules blanc rosé. Sur la zone médiane un œil plus gros, demi-circulaire, une rayure médiane transverse, nébuleuse, plus foncée que le fond, traverse l'aile tangente intérieurement à la tache; sur la zone externe, depuis l'apex et contigu à la rayure, existe un espace festonné recouvert de squamules blanches.

Collier antérieur du thorax blanc, antennes brunes, ailes des femelles moins échancrées que celles des mâles.

Muséum de Berlin.

8. **Bunaea Catochroa**, Karsch.

Envergure : mâle 12 à 14 centimètres.

Patrie, Cameroun.

Couleur grisâtre, variant du brun noir orangé au brun orangé clair ; zone interne d'une couleur orangée devenant plus vive vers la rayure interne, cette dernière sinueuse, d'un brun foncé, un peu nébuleuse ; tache hyaline demi-circulaire. La zone médiane est traversée par une fascie en festons, d'un brun foncé, étroite, tangente extérieurement à la tache ; rayure externe d'un brun moins accentué que cette fascie. La zone externe est plus claire et plus vive du côté de la rayure et la marge est liserée de frange orangée.

SATURNIENS

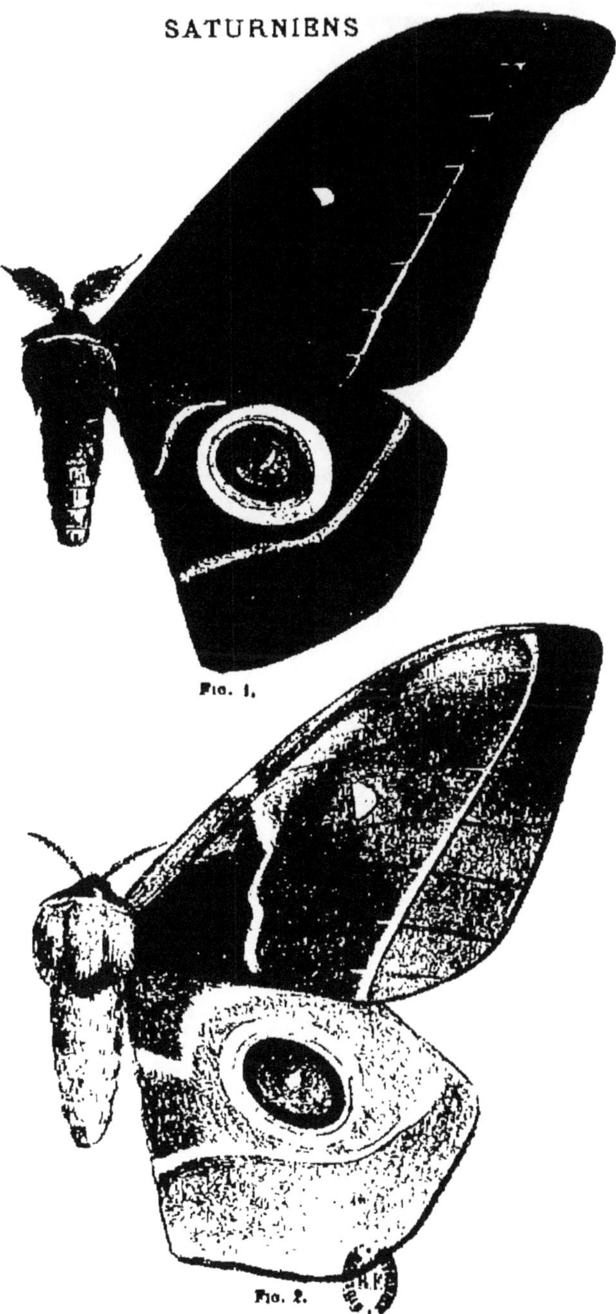

FIG. 1.

FIG. 2.

Fig. 1 et 2. *Bunaea Eblis*, Streck, mâle et femelle.

SATURNIENS

Fig. 1.

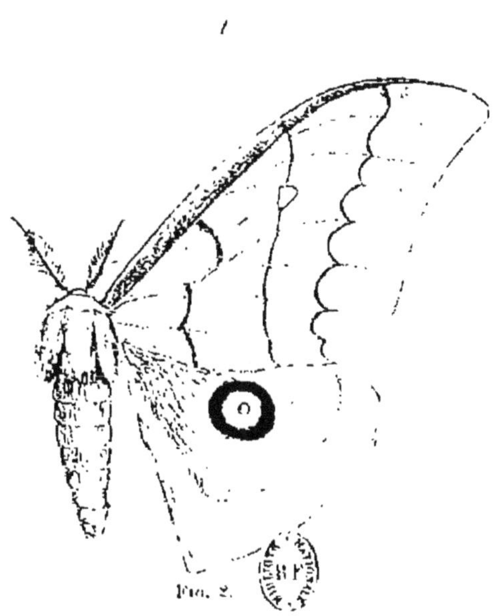

Fig. 2.

Fig. 1. *Bunaea intermiscens*, Walker.
— 2. — *Melinde*, Maas et Wern.

Ailes inférieures : zone médiane orangé, tache hyaline, demi-circulaire, dans un cercle gris brun finement liséré de noir.

Collier antérieur du thorax blanc, moitié inférieure du corps blanc pur ; à la base des quatre ailes apparaissent quatre faisceaux de poils blancs, les ailes inférieures sont frangées, sur le bord anal, de poils de même couleur.

Antennes noires.

Muséum de Berlin.

9. **Bunaea Erythrotes,** Karsh.

Envergure : mâle 14 centimètres ; femelle 18 centimètres.

Patrie, Cameroun.

Couleur générale gris brun, rayure interne nébuleuse d'un brun noir, très sinueuse, rayure externe sensiblement parallèle à la marge, étroite, brun noirâtre, légèrement élargie à l'intersection des nervures, tache hyaline petite, en demi-cercle, accompagnée extérieurement d'un petit espace brun se fondant aussitôt avec le fond de l'aile.

Ailes inférieures, bord anal blanc terne, moitié antérieure de l'aile jusqu'à la rayure externe seulement, d'une belle couleur terre de Sienne vif, tache hyaline, petite, au milieu d'un cercle d'un gris noirâtre, qui devient complètement noir sur sa circonférence.

Corps d'un gris plus clair que celui des ailes, collier antérieur du thorax plus foncé. Ailes supérieures pointues falquées.

Femelle. Couleur générale d'un brun jaune, la tache hyaline supérieure est plus grande que chez le mâle ainsi que celles des ailes inférieures et la couleur Sienne vif entoure complètement la tache, tandis que chez le mâle elle n'existe que sur le côté supérieur.

Ailes supérieures pointues, très peu falquées.

Muséum de Berlin.

10. **Bunaea Melinde,** Maassen et Wern, *Beitr. Schmett*, fig. 92-93.

Envergure : mâle 14 centimètres ; femelle 16 centimètres. Pl. 15, fig. 2.

Patrie, Zanzibar.

Couleur foncière brun clair rougeâtre, teinté de gris lilas, surtout sur la marge des ailes et sur le bord anal. Ailes supérieures, rayure interne sinueuse, à peine visible, très légèrement plus foncée que le fond, une ligne médiane transverse et rayure externe un peu festonnées mais très légères, se détachant à peine sur le fond de l'aile; zone externe, en partie d'un gris lilas très prononcé vers la marge, s'affaiblissant vers la rayure externe.

Ailes inférieures : bord anal et zone externe d'un gris lilas, tout le restant de l'aile d'un rouge jaunâtre ; la tache est petite, hyaline, dans un cercle gris brun bordé d'un anneau noir.

Thorax et abdomen de la couleur foncière, le premier orné antérieurement d'un collier de poils blancs ; antennes brunes, non pectinées à leur extrémité ; chez le mâle, dessous d'un gris rosé, bord inférieur des premières ailes, moins la marge, d'une couleur ocracée, aucune tache sur l'aile inférieure, sauf le point hyalin et deux lignes ondulées, brunes, au delà de la tache.

Mâle et femelle semblables.

Collection de M. C. Oberthür.

Muséum de Berlin et de Londres.

11. **Bunaea Acetes,** Westwood *(Saturnia A.) Proceed. Zool. Soc. London*, p. 53, 1849.

Bunaea Acetes, Maass et Weyd, fig. 108, 110, 111, 1885.

Envergure : mâle 15 cm. 1/2 à 17 cm. 1/2. Pl. 16, fig. 1 et 2.

Patrie, Afrique occidentale.

Mâle. De couleur fauve rosé. Ailes antérieures, rayure interne brisée, d'un brun grisâtre ; externe brune, presque droite ; tache hyaline petite, ovale, finement cerclée de brun ; la zone externe présente sa moitié longitudinale contiguë à la rayure externe chargée de squamules blanc rosé, la portion apicale de cette zone et immédiatement contre la côte est d'un blanc vif, tout le restant de cette zone est de la couleur foncière. La zone médiane est plus brune du côté de la rayure externe que du côté de l'interne.

Ailes postérieures : rayure interne et externe visibles, cette dernière droite ; au centre de l'aile une tache hyaline petite, au milieu d'un cercle brun noirâtre, devenant très noir sur ses limites externes et enveloppé d'un large anneau blanc.

La portion du disque enveloppant la tache est d'un beau rose rouge

SATURNIENS

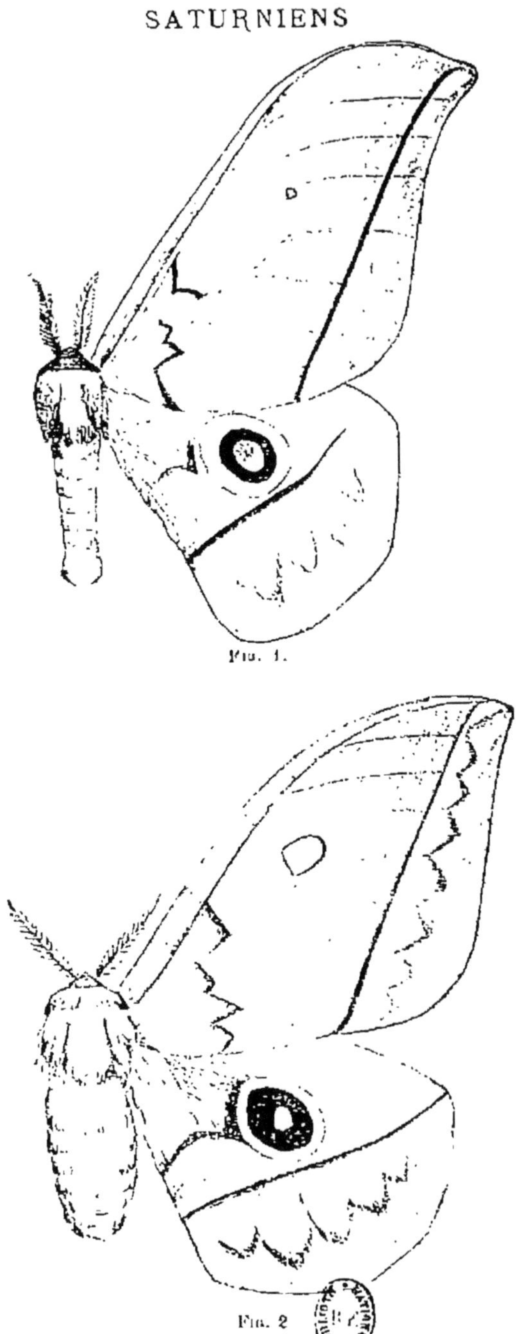

Fig. 1.

Fig. 2

Fig. 1 et 2. *Bunaea Aectes*, Westw, mâle et femelle.

carminé, cette couleur s'étend surtout vers le bord antérieur de l'aile et se répand un peu au delà de la rayure externe; sur la zone externe se remarquent des vestiges de taches en festons, de couleur brun rougeâtre; thorax brun, abdomen plus clair, en avant du thorax un collier brun grisâtre, antennes brunes, dessous du corps blanc.

Femelle. De couleur plus foncée; antennes noires, à pectination plus courte et simple; rayure interne plus accentuée que chez le mâle, gris brun bordé de cendré clair extérieurement.

La zone externe présente entre chaque nervure des taches triangulaires de squamules roses et grises. Le fond de l'aile est criblé de petites écailles brunes.

Tache hyaline plus grande que chez le mâle; pour les ailes inférieures mêmes caractères que chez le mâle, mais le tout plus foncé. Le dessous est d'un fauve pâle avec rayure externe bien visible, ondulée extérieurement, les yeux des ailes antérieures moins distincts, et ceux des ailes inférieures remplacés par deux points bruns autour d'une tache vitrée. Près la base des ailes, une tache brune arrondie.

12. **Bunaea pallens,** SONTHONNAX. *Annales du Laboratoire d'Etudes de la Soie de Lyon,* 1899, p. 155, pl. 23, fig. 3.

Envergure : mâle 14 cm. 1/2. Pl. 17, fig. 1.

Patrie, rives du Tanganika.

Voisin de *Mélinde,* Maass. et Weym., mais les ailes antérieures sont arrondies et les rayures manquent complètement, de plus la coloration est différente.

Mâle. Antennes de couleur fauve terne, couleur foncière gris jaune cuir; thorax bordé antérieurement d'un collier de poils blancs.

Ailes supérieures : tache vitrée, petite, arrondie, non auréolée; zone externe d'un gris bleuâtre presque blanc, franges des ailes jaunes.

Ailes inférieures gris jaune cuir sur le côté anal, gris blanc sur la zone externe, le reste du disque d'un rouge ocracé jaunâtre, tache hyaline petite, recouverte de quelques rares squamules, au centre d'un cercle gris de plomb, bordé d'un anneau noir.

Dessous des ailes inférieures d'un gris blanchâtre, point hyalin seul apparent, une ligne d'un gris plus foncé, sinueuse, un peu festonnée, indique la rayure externe sur les deux ailes; sur les premières ailes le bord inférieur est d'un jaune fauve clair, et la tache hyaline est entourée à droite et à gauche de deux taches d'un brun clair en demi-cercle; corps blanchâtre.

Collection de M. Oberthür.

13. **Bunaea inornata**, SONTHONNAX, *Annales du Laboratoire d'Etudes de la Soie de Lyon*, 1899, p. 154, pl. 23, fig. 2.

Envergure : mâle 14 cm. 1/2. Pl. 17, fig. 2.

Patrie, Zanguebar.

Peut-être une variété locale d'*Epithyrena*, Maass. et Weym., mais le peu de spécimens actuellement connus de cette espèce ne permet pas de connaître son degré de variabilité; nous ne pouvons, toutefois, la réunir à cette espèce : 1° par la forme spéciale des ailes; 2° l'absence complète des rayures et des fascies, et 3° par les taches du dessous des ailes qui sont différentes.

Nous ne connaissons qu'une femelle, appartenant à la collection de M. C. Oberthür.

Couleur foncière rouge d'ocre clair, pas de traces de rayures, sur les deux ailes les marges sont recouvertes de squamules d'un gris cendré lilas se fondant avec le fond rouge des ailes. Sur l'aile supérieure une tache hyaline demi-circulaire allongée, non auréolée; sur l'aile inférieure une tache hyaline plus petite au centre d'un cercle brun noirâtre, entouré d'un anneau noir. Sur le devant du thorax un collier de poils blancs, antennes brun clair.

Dessous des ailes supérieures, rayure externe indiquée par une ligne légèrement festonnée, tache hyaline seule visible; ailes inférieures, pas d'apparence de rayure, près de la base de l'aile un point brun assez gros, autour de la tache vitrée trois taches brunes inégales, une sur le côté interne, grande, triangulaire, deux au delà, la supérieure petite, allongée, l'inférieure plus grande, subrectangulaire.

14. **Bunaea Thyrrena**, WESTWOOD *(Saturnia T.)*, *Proceed. Zool. Soc. London*, 1849, p. 51, pl. 8, fig. 1.

Envergure : mâle 15 à 16 centimètres; femelle 17 centimètres. Pl. 18, fig. 2.

Patrie, Cameroun.

Ailes antérieures non falquées, pointues.

SATURNIENS

Fig. 1.

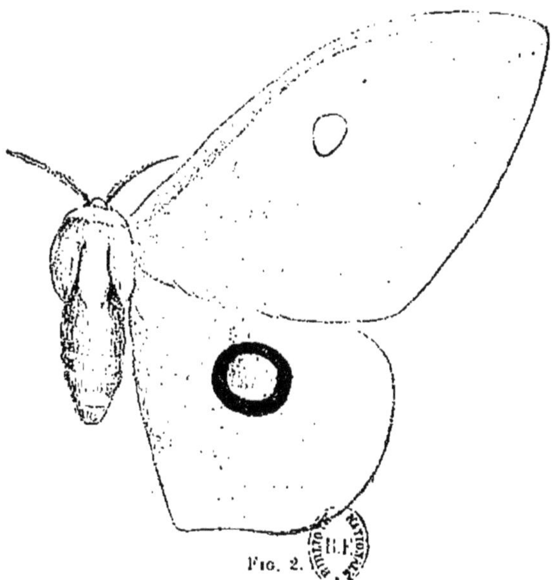

Fig. 2.

Fig. 1. *Nudaurelia Pallens*, South.
— 2. — *Inornata*, South.

SATURNIENS

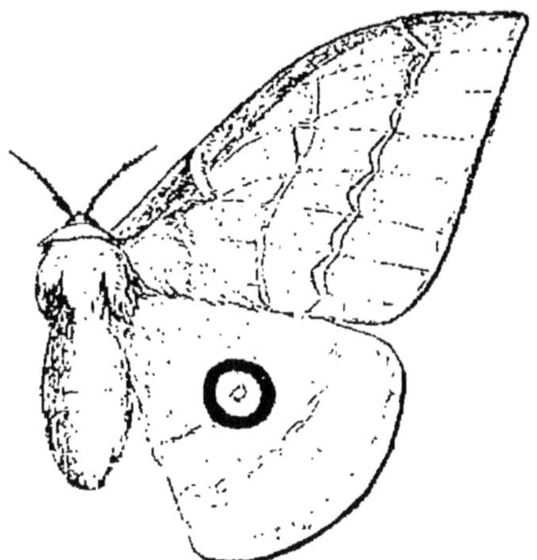

Fig. 1.

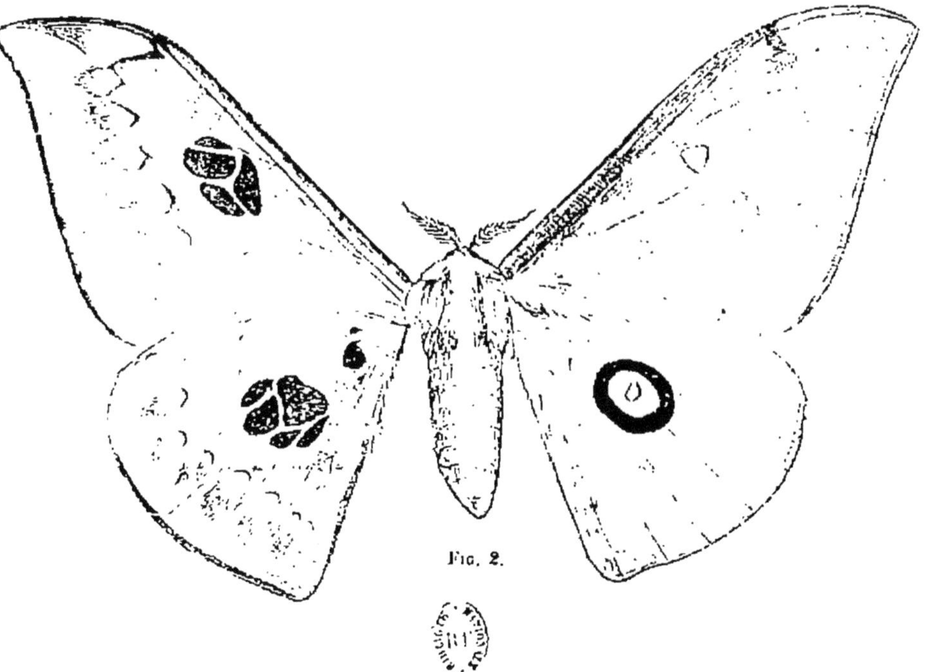

Fig. 2.

Fig. 1. *Bunaea Epithyrena*, Maass et Wern.
— 2. — *Thyrena*, Westw.

Femelle. Couleur générale d'un gris rose Isabelle.

La côte antérieure, les rayures et la frange d'un fauve clair.

Abdomen fauve, antennes brunes, collier antérieur du thorax blanc, ainsi que le dessous du corps.

Sur l'aile supérieure, la rayure interne est très sinueuse, l'externe en festons, s'effaçant presque dans la moitié supérieure de l'aile, sauf entre les nervures 7 et 8 où elle reparaît élargie en triangle. Le contour de la tache vitrée est légèrement entouré de fauve sur le côté interne, la tache vitrée assez grande.

Ailes inférieures. Zone externe et portion anale de la zone médiane de couleur isabelle, tout le restant de l'aile de couleur fauve ; les rayures sont de couleur isabelle, l'interne arrondie autour de la tache, l'externe en festons s'effaçant vers le bord antérieur de l'aile. La tache vitrée est ovalaire, au centre d'un cercle brun noirâtre entouré d'un large anneau noir.

Le dessous d'un gris jaunâtre clair, les rayures internes ne sont pas visibles, les externes sont indiquées sur chaque aile par des festons bruns, un triangle apicale et la frange des ailes de cette dernière couleur. Le point vitré est entouré de quatre taches brunes irrégulières séparées par les nervures ; sur l'aile inférieure un point brun circulaire près de la base de l'aile, la tache ne présente aucune partie vitrée ; elle est indiquée par cinq grosses taches brunes, trois grosses et deux petites, séparées par les nervures.

Collection du Laboratoire.

15. **Bunaea Epithyrena**, MAASSEN et WERN, *Beitrag. Schmett*, fig. 86-87, 1886.

Envergure : 14 centimètres. Pl. 18, fig. 1.

Patrie, Zanzibar.

Couleur foncière rouge légèrement teinté de gris bleuâtre ; un collier blanc antérieur au thorax, ce dernier et l'abdomen de la couleur foncière ; dessous du corps blanc, pattes brunes ; rayure interne sinueuse, d'un gris ardoisé ; externe en festons, parallèle à la marge ; sur la zone médiane, une fascie d'un gris ardoisé, un peu nébuleuse, traverse l'aile du bord antérieur au bord inférieur en passant par la tache ; zone externe d'un rose violacé clair, sauf contre la rayure externe et la frange qui restent de la couleur foncière; tache vitrée triangulaire non auréolée.

Ailes inférieures sans rayure interne; tache hyaline dans un cercle gris terne jaunâtre annelé de noir.

Le dessous est plus pâle, les fascies médianes et les rayures externes sont seules visibles, elles sont indiquées en brun, les taches hyalines sont visibles et elles sont entourées chacune de trois taches irrégulières et libres d'un brun sépia rougeâtre; plus un petit point de la même couleur vers la base des ailes inférieures.

Collection de M. C. Oberthür, portant l'inscription de Zanzibar, 15 mars.

Les deux sexes sont semblables, sauf les antennes, qui sont, comme d'habitude, plus étroites chez la femelle.

16. **Bunaea Angasana,** WESTWOOD *(Saturnia A.), Proceed. Zool. Soc. London*, p. 52, 1849.

Envergure : mâle 17 centimètres; femelle 13 à 18 centimètres. Pl. 20, fig. 1.

Patrie, Natal, Transwaal.

Femelle. De couleur Isabelle ou brun pâle rougeâtre.

Ailes antérieures : rayure interne sinueuse, blanc rosé plus vif du côté externe, plus élargie vers la côte que vers le bord inférieur de l'aile; une fascie plus sombre traverse l'aile de la côte au bord inférieur, étant tangente intérieurement à la tache vitrée, cette dernière demi-circulaire; rayure externe brune, étroite, bordée de chaque côté de blanc rosé, cette dernière couleur envahissant la partie supérieure de la zone externe; la ligne brune presque droite, part de l'apex et descend sur le bord inférieur qu'elle rencontre un peu plus loin de son milieu.

Les ailes postérieures ont une tache hyaline petite, au centre d'un cercle noir, auréolé d'un anneau rouge suivi d'un autre de couleur chair et le tout encadré de rouge carminé s'affaiblissant en s'éloignant de la tache, sauf du côté de la rayure externe où cette couleur est arrêtée brusquement. La rayure externe est étroite, sombre, curvée; thorax de la couleur foncière, bordé en avant d'un collier blanchâtre, tête et pattes de couleur brun sombre. Antennes noires.

Les ailes en dessous sont d'un fauve pâle rougeâtre, devenant d'un rouge brun près de l'extrémité, avec rayure externe visible et le point

SATURNIENS

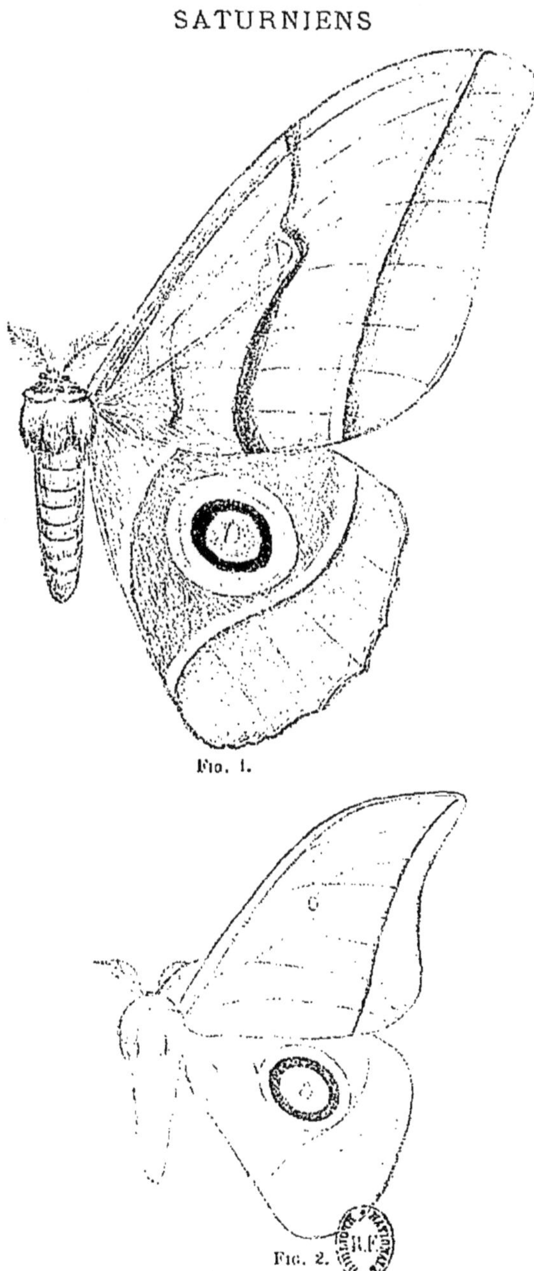

FIG. 1.

FIG. 2.

Fig. 1. *Bunaea Bucholtzi*, Plötz, mâle.
— 2. — *Rosea*, South., mâle.

vitré précédé et suivi par un point sombre, de couleur rouge brun. Ailes postérieures dépourvues de tache, laquelle est remplacée par un indistinct point brun rougeâtre, plus large vers le côté anal; près de la base se trouve un petit point brun, caractéristique de ce groupe.

Les antennes sont en scie avec les derniers articles impectinés.

Collection du Laboratoire.

17. **Bunaea Rosea**, Sonthonnax, *Annales du Laboratoire d'Études de la Soie de Lyon*, 1899, p. 153, pl. 23, fig. 1.

Envergure : mâle 12 centimètres. Pl. 19, fig. 2.

Patrie, rives du Tanganika.

Voisine d'Angasana, mais distincte par la taille plus petite, l'absence de rayure interne, et par la rayure externe beaucoup plus rapprochée de la marge.

Mâle. Antennes d'un fauve terne, longues relativement à celles de ses congénères. Ailes antérieures d'un gris brun rosé très clair, surtout à la base, se rembrunissant un peu aux approches de la rayure externe et beaucoup sur la zone externe; rayure interne absente, tache hyaline demi-circulaire ; rayure externe indiquée par une ligne très étroite d'un brun clair, bordée, extérieurement de blanc rosé, cette ligne part de l'apex et descend obliquement sur le bord inférieur de l'aile sans s'éloigner beaucoup de la marge.

Une fascie brune un peu nébuleuse traverse l'aile de la côte antérieure au bord inférieur en passant par la tache vitrée.

Ailes inférieures rosées à la base et sur le bord anal, tache vitrée en demi-cercle, au centre d'un cercle gris de plomb, auréolé de noir, puis d'un anneau jaune fauve terne, la surface environnant la tache est rouge vif et s'atténue rapidement, sauf du côté de la rayure externe qui arrête brusquement cette couleur.

Pattes jaunâtres ; le dessous des ailes est d'un blanc rosé uniforme, sauf la base de l'aile supérieure qui est d'un rose saumon. Sur l'aile inférieure la rayure externe est peu distincte, rectiligne.

Collection de M. C. Oberthür.

18. **Bunaea Thomsonii**, Kirby, *Trans. Ent. Soc.. Lond.*, 1877, p. 19.

Envergure : mâle et femelle, 21 à 22 centimètres.

Patrie, Cameroun.

Mâle et femelle. Semblables de coloration et de forme, seule la femelle se distingue par son plus gros abdomen et par ses antennes étroites.

Ailes supérieures : marge légèrement convexe, apex anguleux, de couleur brune teintée de rose ; rayure interne brisée, largement accompagnée extérieurement de squamules blanc rosé, surtout vers la côte de l'aile ; une fascie plus sombre traverse l'aile de la côte au bord inférieur en passant par la tache, cette fascie accompagnée également de rose extérieurement ; rayure externe presque droite, brun sombre, part de la pointe apicale jusque près de la moitié du bord inférieur où elle devient presque indistincte. La portion de la zone externe contiguë à la rayure est marquée de blanc rosé ; cette couleur s'étend vers la marge en formant des festons entre les nervures.

Ailes inférieures un peu plus brunes que les supérieures, la tache vitrée est triangulaire ; le centre occupé par une très petite tache vitrée étroite, au centre d'un ovale noir entouré d'un anneau rouge et d'un autre anneau lilas rosé, le tout encadré par une surface d'un grenat clair sur les limites de l'anneau lilas, laquelle devient d'un grenat violacé au delà. Cette surface n'atteint ni la base de l'aile ni les bords antérieur et anal, la rayure externe obsolète.

Le dessous est teinté de brun et de rose, les ailes antérieures montrent le point vitré plus apparent avec une marque brune ; les ailes inférieures ont un petit point brunâtre près de la base, entouré d'un cercle blanc rosé ; à la place de la tache se remarquent quatre points bruns, irréguliers de forme, deux larges et deux petits, corps brun, blanchâtre en dessous, antennes noires.

Quelquefois, la tache vitrée de l'aile supérieure est légèrement auréolée de rouge.

British Museum.

19. **Bunaea Buchholzi**, Plötz, *Stett. Ent. Zeit.*, 1880, p. 86.
Maass et Weym, *Beitr. Schmett.* IV, fig. 56, 1881.

Envergure : mâle, 18 cm. 1/2. Pl. 10, fig. 1.

Patrie, Afrique équatoriale occidentale.

SATURNIENS

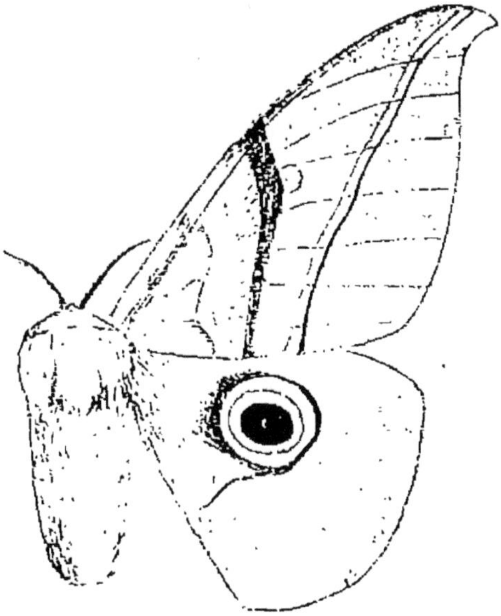

FIG. 1.

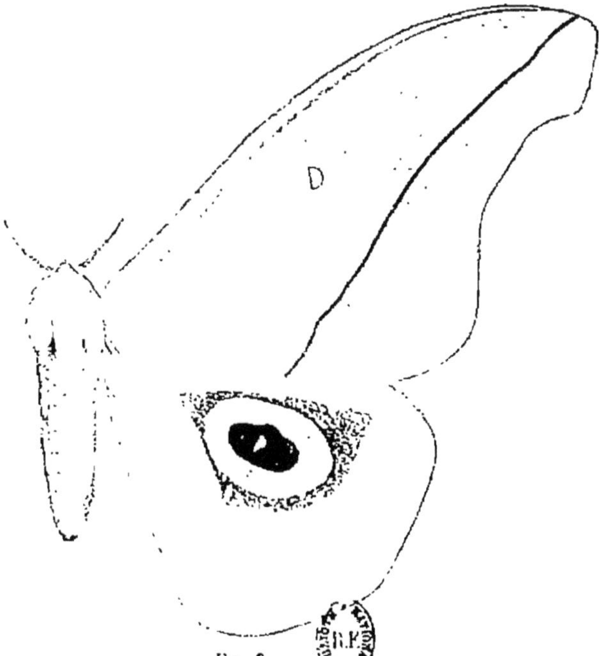

FIG. 2.

Fig. 1. *Bunaea Angasana*, Westw, femelle.
— 2. — *Tanganicæ*, South., femelle.

SATURNIENS

Fig. 1.

Fig. 2.

Fig. 1. *Bunæa Phædusa*, Drury.
— 2. *Pseudoantheræa, Arnobia*, Westw.

De couleur Isabelle, rayure externe parallèle à la marge, blanche, étroite ; sur la zone médiane, une ligne transverse brune un peu sinueuse, part du bord antérieur de l'aile et descend sur le bord inférieur en enveloppant extérieurement la tache vitrée.

Sur les ailes inférieures, les rayures sont indiquées par deux lignes blanchâtres ; tache petite, au centre d'un cercle brun auréolé d'un anneau noir, d'un autre rouge vif et d'un troisième externe blanchâtre.

Nous n'avons vu cette espèce qu'au Muséum de Berlin, où est le type de Maassen et Weymer; la figure que donnent ces auteurs est assez exacte.

20. **Bunaea Phaedusa**, DRURY *(Attacus P.)*, *Ill. Ex. Ent.*, III, pl. 24 et 25, 1780.

Envergure : mâle 18 centimètres; femelle 20 centimètres. Pl. 21, fig. 1.

Afrique occidentale et centrale.

Palpes courts, étroits mais distincts. Antennes courtes, les derniers articles impectinés.

Mâle. Ailes antérieures très falquées avec sommet arrondi, couleur foncière gris brun. Thorax bordé en avant d'un collier blanc; rayure interne peu distincte, visible surtout près de la côte où elle est indiquée par des squamules blanchâtres; rayure externe arquée, étroite, brune; une facie brun clair traverse l'aile dans le milieu, du bord antérieur au bord inférieur, en passant par la tache de l'aile. Cette tache est variable de forme, tantôt simple, vitrée, triangulaire, petite, non auréolée ; tantôt sans point hyalin apparent, et indiquée par deux petites taches en demi-cercle séparées par la nervure intercostale, noires au centre, entouré de rouge, puis d'une auréole de poussière blanc rosé. La zone médiane est fortement teintée de blanc rosé près de la côte de l'aile; zone externe d'un beau blanc rosé près de la rayure, s'affaiblissant graduellement en se rapprochant de la marge où cette dernière devient brun clair.

Ailes inférieures, sans rayure interne; externe sinueuse, tangente à la tache ; cette dernière offre, au centre d'un ovale noir, un petit point lenticulaire hyalin ; l'ovale est entouré d'un anneau rouge vermillon et d'un dernier anneau blanc rosé, enfin le tout est enchâssé dans une couleur rouge plus sombre qui s'atténue au delà de la tache, mais limitée nettement par la rayure externe.

Pattes gris foncé, corps de la couleur foncière, plus clair en dessous qu'en dessus.

La femelle a les ailes un peu moins cintrées, la tache de l'aile supérieure est un peu plus grande que chez le mâle.

Le dessous est de couleur plus rosée, la tache vitrée de l'aile supérieure est généralement accompagnée, sur son côté interne, d'une petite tache brune.

Les ailes inférieures présentent un petit point obscur près de la base, et la tache est indiquée par cinq ou six taches distinctes rarement confluentes, de couleur brune ; rayure externe rectiligne.

21. **Bunaëa Tanganicae**, Sonthonnax, *Annales du Laboratoire d'Etudes de la Soie de Lyon*, 1899, p. 153, pl. 22, fig. 4.

Envergure : femelle 18 centimètres. Pl. 20, fig. 2.

Patrie, rives du Tanganika.

Femelle. Couleur générale fauve clair, un collier blanc antérieur sur le thorax.

Ailes antérieures falquées avec extrémité tronquée, pas de rayure interne ni de fascie médiane transverse ; rayure externe brune, un peu arquée et coudée dans sa partie inférieure ; tache hyaline demi-circulaire non auréolée ; zone externe d'un beau blanc rosé dans sa partie supérieure, s'affaiblissant et devenant fauve dès le premier tiers, sauf contre la rayure où cette couleur rose se prolonge un peu plus bas.

Ailes inférieures : zone externe unicolore, tache très petite, dans un cercle irrégulier noir, entouré de rouge et de blanc rosé, le tout encadré de couleur violacée ; cette dernière couleur ne dépasse pas la rayure externe, et se termine brusquement avant le bord antérieur et avant le bord anal.

Le dessous est plus pâle, les ailes antérieures ont la tache vitrée indiquée comme dessus, mais elle est entourée extérieurement d'un arc noir liséré de violet, et son côté interne est accompagné d'une deuxième tache noire en demi-lune noire lisérée de violet ; la rayure externe est indiquée comme dessus ; sur les ailes inférieures, la tache n'est pas visible ; il n'existe qu'une petite tache brune près de la base de l'aile et de la rayure externe droite.

Nous ne connaissons pas le mâle de cette espèce.

Collection de M. C. Oberthür.

22. **Bunaea Alcinoe.** CRAMER *(Attacus A.), Pap. Exot., Pl.*, 322, A. B., 1780.

Saturnia Caffra, Boisd, Voyage de Delegorgue, dans l'Afrique Australe, II, p. 601.

Bunaea Alcinoë, W. E. Kirby, *Synon. cat. Lep. Het.*, vol. I, 1892.

Attacus Caffraria, Stoll. *Supp. Cramer*, pl. 31, fig. 2, 1791.

Bunaea Caffra, Hubn, *Verz. bek. Schmett*, p. 154, n° 1608.

Envergure : mâle 12 centimètres à 16 cm. 1/2; femelle 12 centimètres à 18 cm. 1/2.

Patrie, Afrique australe, Madagascar.

Espèce très variable de forme, de coloration et de taille.

Les ailes antérieures des mâles sont parfois assez incurvées sur leur marge, quelquefois elles le sont à peine; la couleur foncière varie aussi du jaune d'ocre clair au brun rouge pourpré; cette espèce a reçu en raison de ces différences plusieurs noms qui ne s'adaptent selon nous qu'à des forme locales. Cette espèce est répandue dans toute l'Afrique australe et à Madagascar.

Mâle. Antennes brun fauve, largement pectinées, mais les dents s'arrêtent brusquement avant l'extrémité. Thorax brun rouge pourpre, abdomen fauve.

Ailes supérieures : zone interne brun rouge pourpré, médiane d'un brun rouge très foncé au-dessus et aux alentours de la tache vitrée, un peu jaunâtre au-dessous; tout l'espace compris entre la nervure médiane et la côte antérieure de l'aile, depuis la base jusqu'un peu avant la tache, est d'un blanc rosé; zone externe d'un blanc rosé près de la rayure, se transformant insensiblement jusqu'à la marge qui est d'un brun pur; le blanc rosé est la couleur dominante sur cette zone.

La rayure interne est blanc rosé, un peu sinueuse, l'externe presque rectiligne, formée d'une bande étroite d'un brun rouge bordée intérieurement de blanc rosé, cette dernière couleur présente vers la côte un espace triangulaire assez large.

La tache vitrée a la forme d'un rectangle irrégulier dont le côté externe présente un angle rentrant.

Ailes inférieures : coloration semblable, la tache vitrée est subovalaire, entourée d'un cercle orangé vif, ce dernier entouré d'un anneau noir et d'un autre externe blanc terne.

Le dessous des ailes est d'un brun rougeâtre parsemé de squamules blanches, seules les parties vitrées sont visibles sans aucune auréole, les rayures externes sont faiblement indiquées par une teinte plus sombre.

Femelle. Antennes noires à dents inégales sur le même article, courtes et pointues, chaque article orné en dessous de faisceaux de poils jaunes; les ailes antérieures n'ont pas leur marge incurvée; ornementation semblable à celle des mâles.

Espèce commune représentée dans toutes les collections.

La variété *Caffraria* est de couleur très foncée et dans laquelle la couleur blanc rosé tend à disparaître.

23. **Bunaea plumicornis**, Butl, *Cist. Ent.*, III, p. 18.

Bunaea plumicornis, Kirby, *loc. cit.*, 1892, 1882.

Envergure : mâle 17 centimètres. Pl. 12, fig. 1.

Patrie, Madagascar.

Cette espèce est remarquable par la grandeur des antennes chez le mâle, le corselet est d'un rouge cramoisi foncé, la coloration générale est le brun pourpré violet, les rayures sont d'un beau blanc, un peu plus larges que dans *Alcinoë* type.

Le dessin de cette espèce que nous donnons pl. XII, fig. I, est fait d'après le type du *British Muséum*.

24. **Bunaea Aslauga**, Kirby *(Bunaea A.), Trans. Ent. Soc. London*, 1877, p. 18.

Envergure : mâle 17 cm. 1/2. Pl. 21, fig. 3.

Patrie, Madagascar.

Mâle. Ressemble beaucoup à *Alcinoë Caffraria,* mais les rayures blanches internes et externes sont plus larges, et la couleur foncière est le fauve ocreux, brun, devenant un peu pourpré vers la rayure externe et sur la zone interne.

L'aile inférieure présente une saillie anguleuse, assez sensible sur son pourtour.

Femelle. De couleur plus brune, la rayure brune de la rayure externe est plus large et plus foncée; la couleur pourprée disparaît à la base des ailes antérieures, mais elle subsiste à la base des ailes inférieures.

Ce qui distingue cette espèce d'*Alcinoë* type, est la plus grande falcature des ailes chez les mâles, la coloration différente et la forme des ailes inférieures chez ce dernier sexe.

Le cocon de cette espèce est très léger et ajouré fortement, il laisse voir la chrysalide dans l'intérieur : sa coloration varie du brun doré au brun foncé.

Collection de M. C. Oberthür, Museum de Londres et de Berlin.

25. **Bunaea Diospyri**, Mabille *(Saturnia D.)*, *Annales Soc. En. France*, IX, p. 316, 1879.

Envergure : mâle 12 centimètres. Pl. XI, fig. 2.

Patrie, Madagascar.

Teinte générale jaune ocracé, la côte antérieure est plus foncée que dans *Aslauga*; tache vitrée, grande, subcarrée, bilobée sur son côté externe et entourée de jaune orangé. L'œil des inférieures est grand, d'un jaune d'ocre terne et marqué d'un petit trait blanc, auréolé d'un cercle noir ; la rayure interne obsolète. Corselet rouge vineux, abdomen jaune ocracé clair, antennes noires.

Cette forme est la plus pâle de coloration de toute la nombreuse série des variations de ce groupe.

Collection de M. C. Oberthür.

26. **Bunaea fuscicolor**, Mab. *(Saturnia F.)*, *Bull. Soc. Philom.*, III, p. 139, 1879.

Envergure : 12 centimètres.

Patrie, Madagascar.

Couleur générale brun grisâtre sombre, les rayures comme dans *Alcinoë*, le thorax et les zones internes sur les deux ailes sont de couleur brun jaune ainsi que la partie supérieure de la zone médiane.

L'œil sur les ailes inférieures est aussi un peu plus petit.

Nous croyons que toutes les espèces que nous venons de décrire : *Plumicomis*, *Auricolor*, *Diospyri*, *Aslauga*, *Fuscicolor*, *Caffraria* ne sont que des variétés d'*Alcinoë*.

6e GENRE. — **Imbrasia.**

HUBNER, *Verz. bek. Schmett*, p. 154, 1822?

Lomelia, Duncan. *Nat. Libr. Exot. Moths*, p. 125, 1841.

Comme dans le genre précédent, les taches ne sont pas auréolées sur les ailes supérieures et les femelles ont tout à fait les mêmes caractères et le même port, seuls, les mâles ont les ailes inférieures ornées d'une saillie latérale médiocrement prolongée ; les antennes de ces derniers sont relativement courtes, peu larges et les derniers articles sont impectinés.

Toutes les espèces appartiennent au continent africain.

1. **Imbrasia Epimethea**, DRURY *(Attacus E.), Ill. Ex. Ent*, vol. II, t. XIII, fig. 1, 1773.

Attacus Epimethea, Cramer, *Pap. exot.*, pl. 176, A, 1777.
Imbrasia Crameri, Kirby, *Syn. Cat. Lep. Het. Moths*, 1892.

Envergure : mâle 13 centimètres; femelle, 15 centimètres. Pl. 22, fig. 1.

Patrie, Afrique Occidentale.

Mâle. Couleur générale brun rouge; thorax de cette dernière couleur, abdomen de coloration plus jaunâtre ; ailes supérieures, rayure interne nébuleuse, en ligne brisée; tache hyaline, petite, subtriangulaire ; rayure externe droite, presque parallèle à la marge, d'un brun noirâtre, lisérée intérieurement de blanc rosé, cette dernière couleur plus largement répandue vers lacôte antérieure ; zone externe de la couleur foncière.

Ailes inférieures d'un brun rouge plus noirâtre, sauf sur la rayure externe ; rayure interne obsolète, externe brune lisérée de blanc intérieurement; tache vitrée, petite, ovalaire, au centre d'un cercle jaune foncé, annelé de noir, de rouge et enfin de blanc terne.

Femelle. Antennes courtes, à dents inégales, obtuses, couleur générale des ailes comme chez le mâle mais un peu plus foncée. Ailes supérieures : rayure interne de couleur rosée, un peu nébuleuse, légèremen bordée de brun noirâtre sur son côté interne ; rayure externe brun noirâtre, légèrement convexe vers la côte, parallèle à la marge au dessous; cette ligne brune est lisérée intérieurement de squamules roses formant vers la côte un élargissement de forme triangulaire; sur la zone externe, mais non contiguë à la rayure, se remarque une fascie longitudinale large, festonnée extérieurement, de couleur rose, s'élargissant aussi vers la côte antérieure et atteignant l'apex; tache vitrée, plus grande que chez le mâle, triangulaire. Ailes inférieures plus brunes et d'une teinte plus rosée à la base; rayure interne rose terne, bien visible, comme l'externe; tache hyaline, lenticulaire, petite, dans un cercle orangé auréolé d'un anneau noir, d'un rouge et d'un plus large blanc terne.

Collection du Laboratoire.

2. **Imbrasia obscura**, Butler (*Gonimbrasia O.*), *Ann. Nat. Hist.* p. 462, 1878.

Gonimbrasia obscura, Maass. et Wern, Beitr. Schmett, fig. 84-85, 1886.
— **Hebé**, — — — — fig. 112, 1886.

Envergure : mâle 10 à 10 cm. 1/2; femelle 13 centimètres. Pl. 22, fig. 3 et 4.

Patrie, Sierra-Leone.

Mâle. Antennes courtes, fauves, doublement pectinées dans les trois premiers quarts, insensiblement au delà. Couleur générale fauve rosé clair ; ailes supérieures : rayure interne interrompue, réduite à deux taches plus ou moins apparentes de couleur rosâtre ; tache vitrée demi-circulaire ; rayure externe droite, parallèle à la marge, étroite, d'un brun sombre, dilatée vers la côte antérieure, cette rayure est bordée sur son côté interne d'une ligne de squamules roses dilatée vers la côte ; sur la zone externe se remarque parallèlement à la rayure, mais non contiguë, une fascie rose légèrement festonnée extérieurement et s'élargissant vers l'apex. Les ailes inférieures ont leur moitié antérieure d'un brun noirâtre et l'autre moitié d'un fauve rosé ; rayure interne d'un blanc terne, nébuleuse, visible seulement sur la moitié antérieure de l'aile ; rayure externe rose pâle intérieurement, brun noirâtre extérieurement ; tache vitrée, petite, au centre d'un cercle orangé annelé de noir, de rouge carmin et de rose terne. Ces ailes offrent une saillie pointue sur leur pourtour, entre les nervures 3 et 4.

Le dessous est plus rosé, chargé de petites macules brunes, les rayures externes seules sont visibles, mais sur l'aile inférieure la rayure externe est rectiligne.

Femelle. Antennes d'un brun foncé à dents à peine visibles. De la couleur du mâle, mais un peu plus foncée; sur les ailes antérieures la rayure externe est plus apparente que dans l'autre sexe, plus élargie, non interrompue et lisérée intérieurement de poils bruns; tache vitrée triangulaire plus grande, rayure externe comme dans le mâle, mais un peu plus large.

Ailes inférieures d'un brun sombre sur les zones médiane et interne, sauf la portion anale de cette dernière qui est fortement chargée de poils fauve rouge, la tache de l'aile est un peu plus grande que chez le mâle et la couleur brun noir de la rayure externe s'étend fortement sur la zone de ce nom.

En dessous, on remarque une large fascie d'un brun foncé traversant toutes les ailes en passant par leur milieu, et les rayures externes sont marquées en brun noirâtre.

Cette espèce se transforme sans tisser de coque soyeuse; elle n'est pas rare à Sierra-Leone vers la fin de juin.

Collection du Laboratoire.

Imbrasia Hébé de Maassen et Wern,- n'est à notre avis qu'une simple variété de *I. obscura* de couleur plus rosée; se trouve à Vieux Calabar, Soudan.

3. **Imbrasia Dorcas**, WALKER *(Bunaea D.). Cat. Lep. Het. B. M.*, p. 1233, n° 12, 1855.

Envergure : mâle 14 centimètres. Pl. 22, fig. 2.

Patrie, Afrique occidentale.

Mâle. Couleur générale brun fauve jaunâtre, parsemé de petites macules brunes, antennes peu larges, bipectinées dans les trois premiers quarts seulement, le dernier quart insensiblement pectiné.

Ailes antérieures : rayure interne brisée, brun noirâtre, bordée sur la zone médiane de poils rose terne formant une nébulosité de cette dernière couleur se fondant avec le fond de l'aile ; sur la zone médiane, une fascie transverse, nébuleuse, d'un brun plus foncé que celui de l'aile, part de la côte antérieure et s'abaisse sur le bord inférieur en passant par le côté externe de la tache vitrée, cette dernière subtriangulaire, plus grande que dans les espèces précédentes ; la rayure externe est brun noir, étroite, presque droite, lisérée intérieurement d'une ligne de squamules rose terne, lesquelles forment en se rapprochant de la côte un élargissement triangulaire de cette couleur ; la zone externe d'un brun un

SATURNIENS

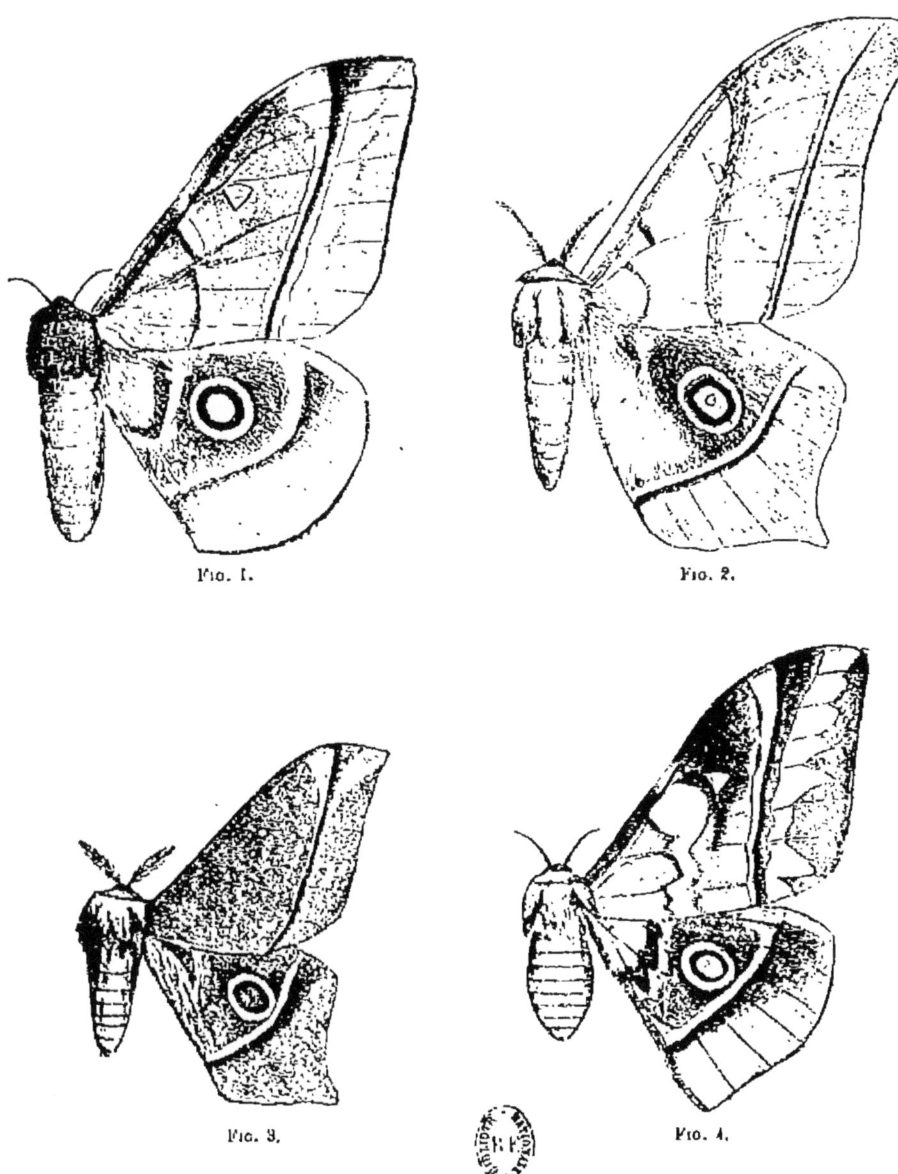

Fig. 1. Fig. 2. Fig. 3. Fig. 4.

Fig. 1. *Imbrasia Epimethea*, Drury, femelle.
— 2. — *Dorcas*, Walk, mâle.
— 3 et 4. — *Obscura*, Butl, mâle et femelle.

SATURNIENS

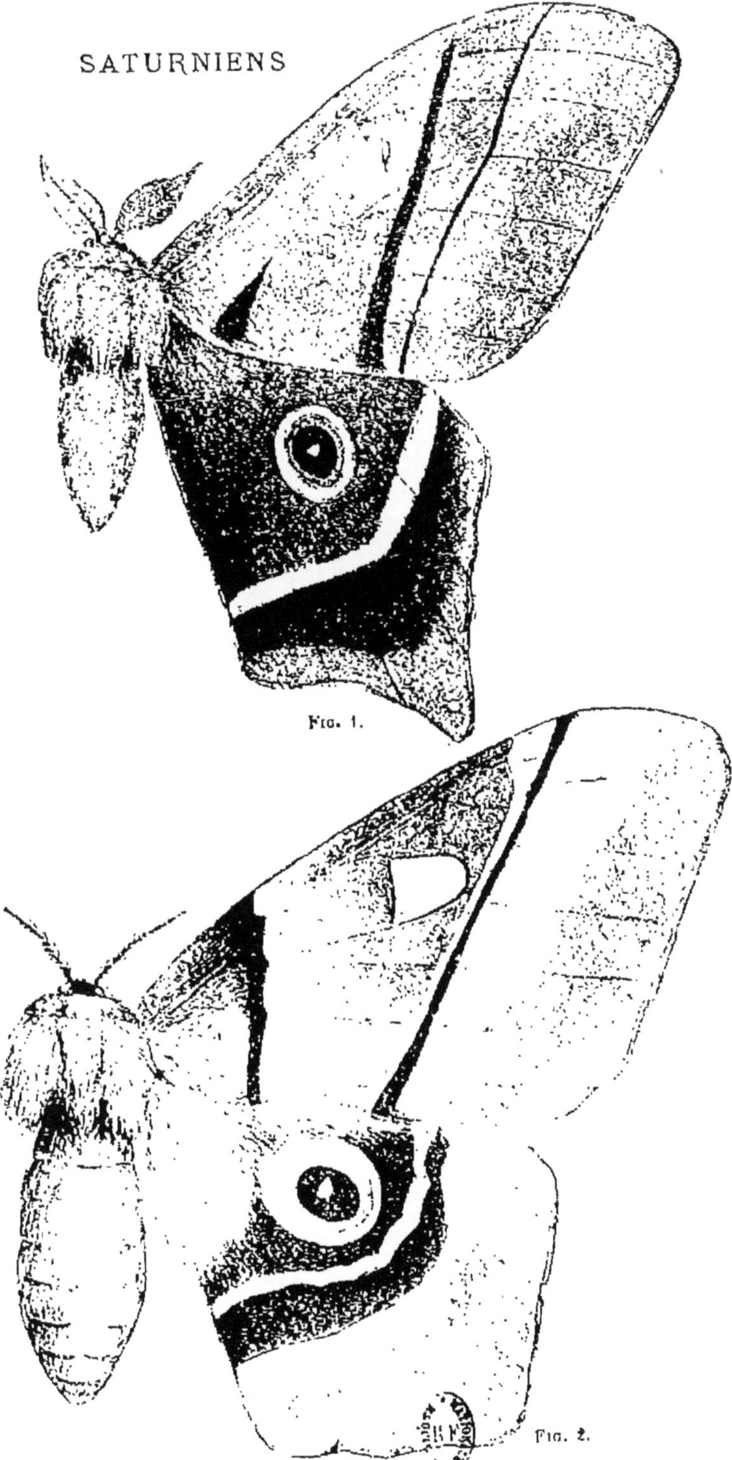

Fig. 1 et 2. *Imbrasia Deyrollei*, Thoms, mâle et femelle.

peu plus clair, parsemée de petites taches brunes ; la marge est bien plus cintrée que dans les espèces précédentes, et la portion apicale de l'aile est arrondie au lieu d'être en pointe.

Ailes inférieures d'un brun fauve vers le bord anal, devenant d'un brun noirâtre sur le restant de l'aile, sauf sur la zone externe qui reste de la couleur foncière ; la rayure interne est indiquée par une simple ligne nébuleuse rose terne, n'atteignant ni le bord antérieur ni le bord anal ; rayure externe brun noir, bordée de rose terne intérieurement ; tache hyaline petite, au centre d'un cercle orangé annelé largement de noir, puis faiblement de rouge carminé, le tout dans une auréole rose terne. Le contour de l'aile est orné d'une saillie pointue.

Dessous brun fauve foncé, parsemé de petites taches brunes, le bord inférieur des premières ailes est légèrement rosé, rayures externes brunes seules visibles, ainsi que les points hyalins.

Collection du Laboratoire.

4. **Imbrasia Deyrollei**, THOMSON *(Saturnia D.)*, *Arch. Ent.*, II, p. 344, 1859.

Bunaea Deyrollei, Maassen et Weym., *Beitr. Schmett*, fig. 18, 19, 80, 81, 1881.

Envergure : mâle 19 centimètres ; femelle 22 centimètres. Pl. 23, fig. 1 et 2.

Patrie, Afrique occidentale.

Mâle. Couleur brun foncé, plus sombre sur les ailes inférieures. Ailes antérieures : rayure interne obsolète, externe étroite, noirâtre, sensiblement parallèle à la marge, une fascie transverse traverse l'aile du bord antérieur au bord inférieur en passant au delà de la tache vitrée, cette dernière, petite, souvent imperceptible ; ailes inférieures sans trace de rayure interne ; tache vitrée, lenticulaire, petite, au centre d'un cercle noir, celui-ci annelé de rouge carmin et de blanc rosé ; rayure externe rose, coudée en regard de la tache ; le côté marginal de la zone externe est d'un brun plus clair.

Corps unicolore, antennes relativement courtes, non pectinées dans le dernier quart.

Les ailes antérieures ont leur marge légèrement incurvée, et les ailes inférieures ont une saillie pointue sur leur contour. Dessous d'un brun obscur, rayure externe plus brune sur les deux ailes ; sur l'aile supérieure, la tache vitrée est entourée d'un cercle noir liséré de rose terne ; sur l'inférieure, même tache mais plus grande, la portion des ailes comprise entre la rayure externe et la marge est d'un brun plus foncé.

Femelle. Couleur variant du brun grisâtre au brun rouge fauve. Ailes supérieures : rayure interne peu sinueuse, presque droite, formée de squamules d'un blanc rosé, s'étendant un peu sur le fond de l'aile, surtout vers le bord antérieur; rayure externe parallèle à la marge, formée de deux lignes contiguës : l'interne étroite, rose, élargie vers la côte, l'externe brun noirâtre, étroite, égale dans toute sa longueur; tache hyaline, grande, en demi-cercle allongé, bordé sur le côté externe de quelques squamules rouges; la zone externe, rose dans sa portion contiguë à la rayure, devient insensiblement brune vers la marge.

Ailes inférieures sans rayure interne, zones médiane et interne d'un brun noirâtre, sauf vers le côté anal ; tache hyaline, petite, demi-circulaire, au centre d'un cercle irrégulier noir, entouré d'un anneau rouge pourpre et d'un autre anneau externe rose; rayure externe comme sur les ailes antérieures, mais les deux lignes plus larges; sur la zone externe les squamules roses sont plus rarement disséminées que sur les ailes supérieures.

Le corps est d'un fauve jaunâtre uniforme. Tête, pattes et antennes d'un brun noirâtre, ces dernières aplaties, à anneaux très larges bidentés, la dent interne plus longue et bien pointue.

Dessous, sur les deux ailes, les zones interne et médiane sont fortement teintées de rose, la zone externe d'un brun foncé; la tache de l'aile supérieure est entourée irrégulièrement de brun foncé, liséré de rose terne ; sur l'aile inférieure, le point hyalin est également entouré d'un cercle irrégulier brun liséré de rose.

Nous avons reçu cette belle espèce du Dahomey, nous l'avons vue également au Muséum de Berlin et de Londres.

Le cocon n'est pas pédonculé, il est simplement fixé sur la face supérieure des feuilles par quelques fils de soie, c'est un ellepsoïde régulier de couleur brun rougeâtre.

7e GENRE. — **Pseudoantheraea**. STAUDINGER.

La création de ce genre pour une seule espèce est justifiée par les caractères suivants :

Allié au *Antheraea* par la tache vitrée traversée en partie par la nervure intercostale, mais s'en éloigne par la pectination des antennes simples dans les deux sexes, le nombre des articles de celles-ci supérieur à quarante ; les taches des ailes, qui sont égales sur toutes les ailes, ne sont auréolées que d'un seul anneau ; enfin, la rayure externe est oblique par rapport à la marge, et son extrémité supérieure est presque apicale.

Pseudoantheraea Arnobia, WESTWOOD *(Saturnia A.)*, *Proceed. of the scientific. meetings. of Zool. Soc. London*, 1881, pl. 12, fig. 2.

Antheraea arenosa, Maassen, *in. litt.*

Envergure : mâle 15 à 16 centimètres ; femelle 17 cm. 1/2. Pl. 21, fig. 2.
Patrie, Gabon, Cameroun.

Mâle. Le fond des ailes est d'un brun rouge clair, fortement saupoudré de squamules jaune de chrome.

Ailes supérieures : rayure interne sinueuse, peu accentuée, brune ; externe de même couleur, légèrement festonnée entre chaque nervure, son sommet est presque apical et sa base rencontre le bord inférieur un peu plus loin que le milieu de ce dernier ; sur la zone externe, et entre chaque nervure, se remarquent des surfaces demi-circulaires fortement chargées de squamules fauves et qui sont limitées par une ligne festonnée brune ; tache hyaline des ailes petite, subcirculaire, faisant voir vers son côté interne une portion de la nervure intercostale ; cette tache est entourée d'un anneau uniforme de couleur brune. Une fascie transverse, brune, parfois obsolète, part de la côte antérieure pour rejoindre le bord inférieur vers la base de la rayure externe.

Ailes inférieures d'un brun un peu rosé vers le bord antérieur, le restant de l'aile comme sur les supérieures ; la rayure interne est absente ; sur la zone médiane, une fascie nébuleuse, rectiligne, brune, traverse l'aile du bord antérieur au bord anal, en passant un peu au-dessus de la tache ; cette dernière, subovale, auréolée de brun plus foncé que sur la tache supérieure ; rayure externe profondément festonnée ; entre chaque feston, sur la zone externe, correspondent des taches ovales, contiguës, fortement chargées de squamules jaunes.

Antennes unipectinées, de plus de quarante articles, peu larges, de couleur jaune fauve.

Le dessous est uniformément brun mélangé de poils jaunes, sauf le bord inférieur des premières ailes, qui devient d'un rose terne ; sur les deux ailes se remarque une ligne nébuleuse, entre l'ocelle et la base, le restant des ailes comme le dessus, mais de couleur moins vive.

Le corps rappelle la couleur des ailes ; il est recouvert de poils bruns mélangés de poils jaunes; les pattes sont d'un brun rouge.

Femelle. Ailes antérieures moins pointues, non falquées, de coloration plus jaunâtre et sensiblement égale sur toutes les ailes. Sur l'aile inférieure, la tache auréolée de brun noir est quelquefois accompagnée sur son côté interne d'une traînée nébuleuse de cette dernière couleur.

Les antennes sont à pectination simple et très courte.

Collection du Laboratoire.

8e Genre. — **Thyella.**

Felder, *Reise de Novara, Lep.*, pl. 85, fig. 5, 1874.

Petit groupe de Lépidoptères s'éloignant des genres *Antheraea*, *Nudaurelia* et *Bunaea*.

La rayure interne est brisée, non interrompue ; elle est remarquable en ce que les brisures les plus grandes sont dans son milieu, elles s'étendent par ce fait assez en avant sur la zone médiane; les taches vitrées sont en demi-cercle, non traversées par la nervure intercostale, sensiblement égales sur les quatre ailes et auréolées. Rayure externe festonnée.

Antennes très longues et très largement plumeuses chez les mâles, palpes bien visibles.

Port des *Antheraea*. Toutes les espèces de ce genre sont de l'Afrique tropicale.

1. **Thyella Zambezia**, Felder, *Reise de Novara*, pl. 85, fig. 5. Lep. IV, 1874.

Antheraea Zambezina, Maass. et Weym., *Beitr. Schmett*, fig. 96.

Envergure : 14, 15 centimètres. Pl. 24, fig. 1.

Patrie, Zambèze, Afrique tropicale orientale.

SATURNIENS

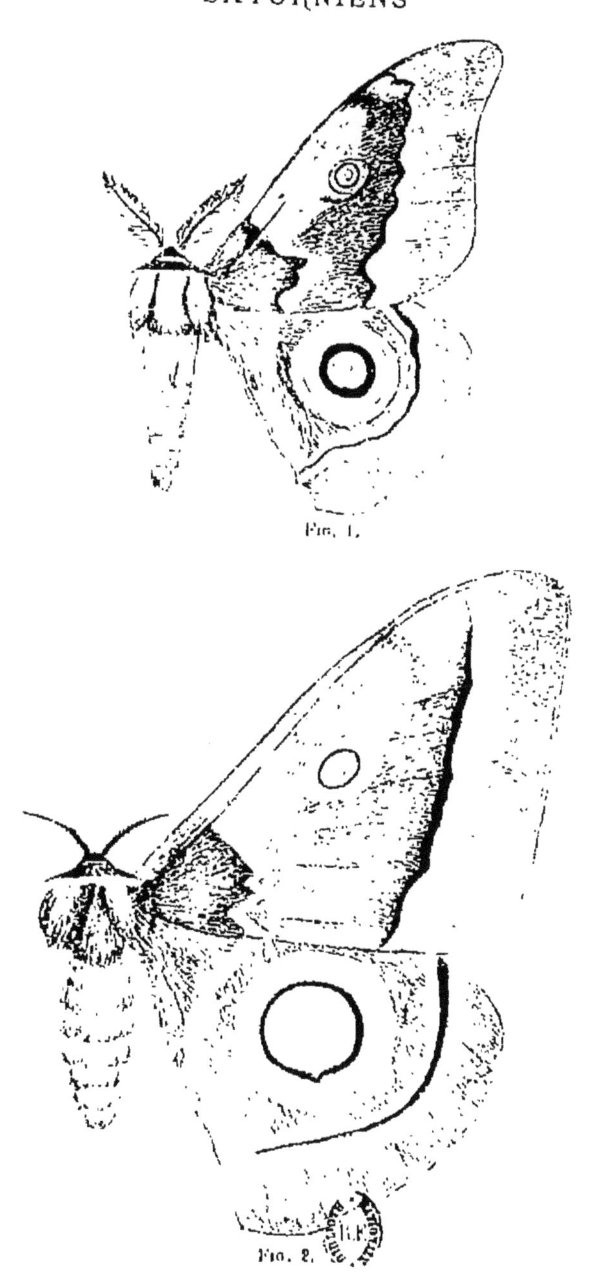

FIG. 1.

FIG. 2.

Fig. 1. *Thyella Zambesia*, Feld.
— 2. *Bareus*, Maass et Weym

Mâle. Antennes de couleur brun sombre, les palpes ont le dernier article dilaté, très apparent. Couleur foncière brun olivâtre parsemé de poils bruns.

Ailes supérieures : rayure interne très sinueuse, convexe, d'un brun foncé, bordée de squamules blanches s'étendant assez loin, mais en s'affaiblissant sur la zone médiane, surtout dans la partie supérieure voisine de la côte ; rayure externe brune, étroite, en festons irréguliers, sensiblement parallèle à la marge et fortement accompagnée, sur la zone externe, de squamules blanches qui disparaissent en se rapprochant de la marge. Cette dernière est d'un brun olivâtre, moins densément chargée de poils bruns. Tache vitrée demi-circulaire, petite, au centre d'un cercle jaune brun, celui-ci entouré d'un anneau étroit, noir, qui est entouré, à son tour d'un anneau jaune brun, et enfin enveloppé d'une petite auréole blanche.

Ailes inférieures : les zones interne et médiane sont d'un rose carmin vif dans leur moitié supérieure, et deviennent insensiblement jaune olivâtre vers le bord anal ; zone externe uniformément brun olivâtre ; rayure interne noirâtre, bordée extérieurement de blanc, un peu nébuleuse, l'externe noirâtre, irrégulièrement festonnée, lisérée des deux côtés de blanc ; la tache est comme sur les ailes supérieures mais beaucoup plus grande, et l'anneau externe, qui n'est quelquefois indiqué que par un arc sur l'aile supérieure, est de la même largeur sur tout son pourtour ; la tache totale occupe la plus grande partie de la zone médiane.

Thorax de la couleur foncière, liséré en avant d'une fine ligne blanche, et le collier est liséré postérieurement d'une seconde ligne semblable ; corps d'un fauve terne.

Dessous des ailes presque complètement recouvert de squamules blanc jaunâtre, sauf le bord inférieur des ailes qui est d'une belle nuance carminée, les rayures externes sont seules indiquées par des festons noirs et la tache de l'aile inférieure ne montre que son point vitré.

La femelle ressemble au mâle, sauf les antennes qui sont très courtement dentées chez cette dernière.

La chenille figurée par Maassen, est d'un jaune terne, avec la tête et le dernier segment d'un noir profond, sur chaque segment des épines de couleur noire dirigées en arrière et le fond parsemé de points noirs. La chrysalide se transforme sans coque soyeuse.

Collection du Laboratoire.

2. **Thyella Barcas**, Maassen et Weymer *(Antheraea Barcas)*, *Beitr. Schmett*, fig. 70-71, 1881.

Antheraea Saïd, Oberthür.

Expansion, mâle 17 centimètres ; femelle 18 centimètres. Pl. 24, fig. 2. Patrie, Zanzibar.

Mâle. Couleur foncière jaune fauve, thorax brun, abdomen fauve, collier antérieur du thorax liséré postérieurement de blanc.

Ailes supérieures : zone interne fauve, parsemée de poils rougeâtres ; rayure interne brune, très étroite, accompagnée de blanc sur la zone médiane, cette couleur envahissant la portion supérieure de cette zone ainsi que sa moitié inférieure interne, le restant de cette zone d'une couleur fauve jaunâtre maculé de squamules rougeâtres ; rayure externe, étroite, brune ; zone externe blanche dans sa moitié interne, jaune dans sa moitié marginale ; un œil vitré au centre d'un cercle brun jaune, entouré d'un anneau noir et d'un autre externe rougeâtre.

Ailes inférieures : zone interne blanc rosé, zone médiane d'un rose plus rouge, externe fauve ; rayure interne brune, bordée extérieurement de blanc, externe bordée intérieurement et extérieurement de cette même couleur ; sur le disque, un grand œil hyalin au centre d'un cercle brun jaune auréolé de noir, de rouge et de blanc rosé.

Ailes antérieures falquées, pointues.

Femelle. Ailes antérieures non falquées, à sommet légèrement arrondi.

De coloration générale brun rouge pourpré, rosâtre sur la côte antérieure. Ailes supérieures : rayure interne blanche en zigzag, externe brune, largement accompagnée extérieurement de blanc, la portion supérieure des zones médiane et externe chargée de squamules blanc rosé ; tache vitrée, un peu plus large que chez le mâle, dans un cercle brun jaune auréolé d'un anneau noir, d'un rose et d'un externe blanc.

Ailes inférieures d'un rouge plus vif, la tache un peu plus grande que chez le mâle, point hyalin au centre d'un cercle brun finement cerclé de noir, et auréolé d'un large anneau rose et d'un autre plus étroit blanc.

Antennes noires, thorax brun rouge, avec collier antérieur liséré postérieurement de blanc.

Le dessous est d'un gris assez uniforme teinté de vineux, sauf le bord inférieur des premières ailes qui est franchement rouge vineux ; la

SATURNIENS

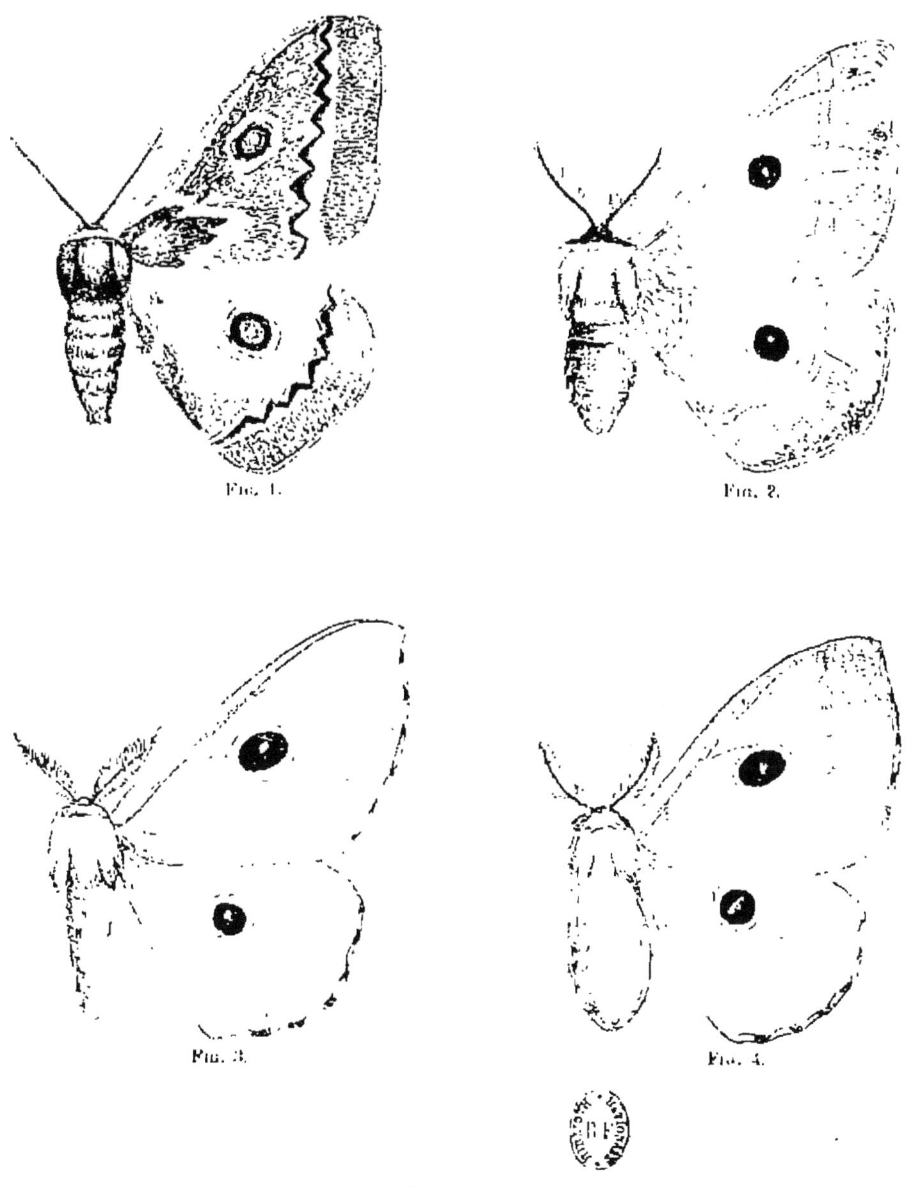

FIG. 1. FIG. 2.

FIG. 3. FIG. 4.

Fig. 1. *Thyella Thyrsea*, Cramer.
— 2. *Melanocera Menippe*, Westw.
— 3 et 4. — *Sufferti*, Weym., mâle et femelle.

tache de cette aile paraît comme sur le dessus, mais celle de l'aile inférieure ne montre que sa portion hyaline. Une bande brune, nébuleuse, traverse les ailes, la rayure externe seule paraît, mais elle est peu accentuée.

Thyella Saïd, Oberthür, est une variété brune de cette espèce.

Muséum de Berlin et collection de M. C. Oberthür.

3. **Thyella Thyrrhea**, Cramer *(Attacus T.) Pap. exot.*, pl. 46, fig. A, 1875.

Bombyx Thyrrhea, *Fab. Gen. Ins.*, p. 278, 1877.

Envergure : mâle 12 centimètres ; femelle 15 centimètres. Pl. 25, fig. 1.

Patrie, Afrique australe.

Mâle. Antennes de couleur brune, derniers articles impectinés, très largement plumeuses, palpes distincts mais courts, ailes antérieures à apex un peu arrondi, marge droite non incurvée. Couleur foncière gris fauve, fortement recouvert de squamules brunes ; zone interne brun fauve, plus foncé près de la rayure ; rayure interne blanche, brisée, s'étendant dans son milieu sur la zone médiane presque jusqu'à la rayure externe ; zone médiane uniformément gris saupoudré de brun, ainsi que la zone externe ; tache de l'aile vitrée, triangulaire, au centre d'un cercle de couleur cuir foncé, limité par un anneau étroit, noir, d'une autre couleur cuir, et enfin d'un anneau externe blanc ; rayure externe parallèle à la marge, brun noir, en festons anguleux, lisérés finement de blanc sur leur côté interne et très largement de cette même couleur sur le côté externe, cette ligne blanche est droite, parallèle à la marge extérieurement.

Ailes inférieures brun fauve, devenant plus clair et rosé vers le bord antérieur ; rayure interne sinueuse, peu distincte ; tache de l'aile comme sur l'aile supérieure, mais plus grande.

Thorax brun, bordé en avant d'un collier blanc, abdomen fauve.

Dessous d'un gris moins jaune, uniforme, moins fortement chargé de squamules brunes, rayures internes nulles sur les deux ailes ; le bord inférieur des ailes antérieures est d'un rouge vineux fondu insensiblement avec le gris de l'aile.

Tandis que le dessus des ailes présente la tache de l'aile inférieure plus grande, le dessous présente tout le contraire ; la tache de l'aile supérieure est plus grande et celle de l'aile inférieure petite.

La femelle est de même coloration, mais de taille plus grande, ses antennes sont comprimées, à dents imperceptibles.

La chenille se transforme dans la terre à deux ou trois pouces de profondeur, sans tisser de cocon soyeux; la nymphose dure environ dix mois.

D'après M. Barber[1], la larve de cette espèce est si abondante en certaines saisons, que les *Accacia horridæ (Thorn trees)* sont dépourvus de leurs feuilles sur des très grandes surfaces ; la chenille est visiblement marquée de noir, blanc et jaune ; lorsqu'on la touche, elle redresse la tête en arrière et rejette une quantité d'un certain liquide vert, nauséabond ; aussi n'est-elle pas attaquée par les oiseaux, mais, par contre, les papillons sont fortement décimés par une mouche nocturne, à en juger par les quantités de spécimens blessés que l'on rencontre.

Collection du Laboratoire. Cette espèce est commune et répandue dans toutes les collections.

9e GENRE. — **Antherina**, *Nov. Gen.*

Nous avons cru devoir créer ce genre, pour une seule espèce qui s'éloigne des genres *Antheraea* et *Nudaurelia* par les caractères suivants : taches vitrées, petites, tangentes à la nervure intercostale auréolées sur toutes les ailes et ornées sur le côté interne d'un arc étroit de squamules blanches, comme chez les *Antheraea;* rayure interne non brisée, presque droite, à peine sinueuse chez le mâle, régulièrement arquée chez la femelle ; sur les ailes inférieures, les deux rayures se réunissent au-dessus de la tache et se rejoignent presque vers le bord anal ; squamules des ailes supérieures fines, courtes et serrées ; les antennes des femelles sont bidentées presque également, et un peu moins larges seulement que celles du mâle. Les taches auréolées des ailes inférieures ne sont pas visibles en dessous.

Cocon à réseau soyeux, dont les mailles laissent apercevoir la chrysalide dans l'intérieur.

[1] *Proceed. Ent. Soc. London*, p. 6, 1878.

SATURNIENS

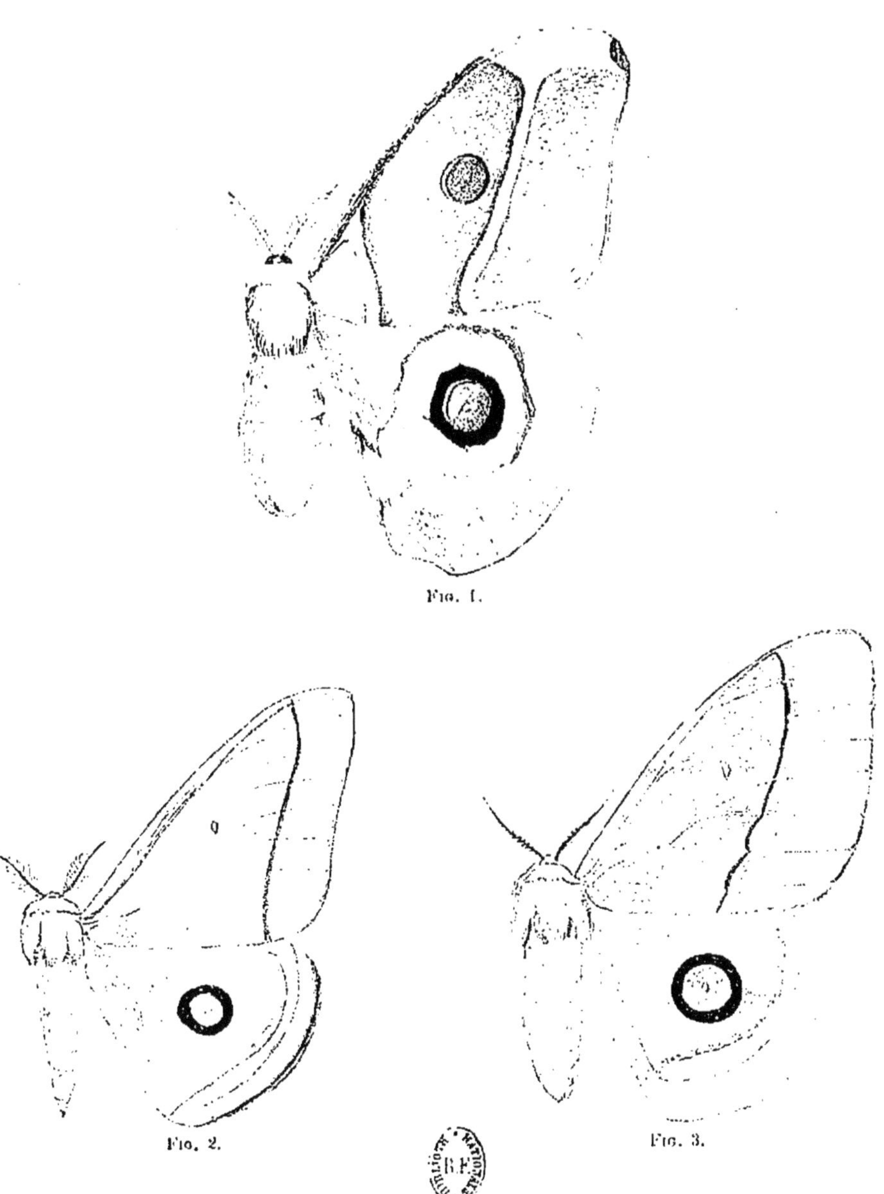

Fig. 1.

Fig. 2.

Fig. 3.

Fig. 1. *Antherina Suraka*, Boisd.
— 2. *Cinabra Hyperbius*, mâle et femelle, Westw.

1. **Antherina Suraka**, Boisduval *(Saturnia S.)*, *Faune de Madagascar*, *Lep.*, p. 89, n° 3, pl. 12, fig. 4, 1833.

Envergure : mâle et femelle 13 cm. 1/2 à 14 centimètres. Pl. 26, fig. 1.

Patrie, Madagascar et Comores.

Mâle. Dernier article des palpes tronqué ; antennes de couleur fauve ; couleur générale jaune fauve, thorax et abdomen de même couleur, collier antérieur du thorax de couleur grise, semblable à la couleur de la côte antérieure de l'aile.

Ailes supérieures : rayure interne presque droite, élargie et blanche au contact de la côte antérieure ; au-dessous, étroite, formée de deux lignes brunes parallèles, séparées par une ligne grise ; rayure externe semblable de coloration, s'incurvant près de la côte antérieure, droite et oblique par rapport à la marge en dessous ; la côte antérieure de l'aile est grise, parsemée de poils bruns dans ses deux premiers tiers, au delà elle se confond avec la couleur de l'aile ; zone interne fauve pur, médiane de même couleur mais un peu chargée de poils bruns dans sa partie inférieure ; zone externe fortement chargée de poils bruns ; sa portion avoisinant la côte est d'un rose violacé ; la tache vitrée est lenticulaire, presque imperceptible, au centre d'un cercle jaune fauve liséré de noir ; sur la portion interne de ce cercle noir se remarque un arc de squamules d'un blanc bleuâtre.

Ailes inférieures : les zones interne et médiane sont de couleur rose saumon clair dans leur moitié antérieure, elles deviennent insensiblement fauves sur le côté anal ; ce dernier est garni de poils brun clair, interrompu seulement par la rencontre des deux rayures ; la rayure interne est d'un brun rouge, contourne la tache pour se réunir à la rayure externe en formant une sorte de cercle ouvert seulement du côté anal ; cette ligne brun rouge est entourée extérieurement d'une nébulosité rose accompagnée d'une deuxième nébulosité rougeâtre ; la zone externe ne présente de poils bruns que près du bord anal.

Le dessous des ailes est d'un fauve rosé, sauf vers les marges qui sont fauve jaune, fortement saupoudré de brun. Les rayures sont indiquées en brun rouge sur les ailes supérieures, sauf la portion supérieure de la rayure externe qui est un peu festonnée et de couleur noirâtre ; les ailes inférieures sont un peu recouvertes de poils blanc rosé ; on y distingue la rayure interne un peu anguleuse mais non réunie à l'externe, cette dernière festonnée ; ces deux rayures de couleur violacée ; enfin on remarque une fascie transverse commune aux deux ailes, de couleur brun jaune, un peu nébuleuse ; sur l'aile inférieure pas de tache visible, sauf le point hyalin ; la supérieure, au contraire, offre la tache semblable au-dessus, mais plus accentuée de couleur et un peu plus grande.

Femelle. Antennes fauves, moins larges que chez le mâle, à articles bipectinés, faiblement inégaux.

De coloration un peu plus claire, avec les rayures de même forme, mais plus larges, et uniformément blanches sur l'aile supérieure ; la tache sur cette aile est plus grande que chez le mâle; les ailes inférieures sont comme chez ce dernier, avec la tache plus grande et le cercle enveloppant le point vitré d'un jaune presque brun.

Mêmes détails en dessous que chez le mâle, sauf que les couleurs sont plus vives et la tache supérieure beaucoup plus agrandie.

Le cocon est ajouré, d'un tissu soyeux, léger, ayant l'aspect du tulle, de couleur gris jaunâtre, un peu lustré, ovoïde, mesurant 6 à 7 centimètres de longueur.

Collection du Laboratoire.

10° GENRE. — **Melanocera**, *Nov. Gen.*

Antennes de plus de quarante articles, noires, également bipectinées dans les deux sexes; les taches hyalines des ailes ne sont jamais complètement dépourvues de squamules noires; palpes très distincts, à dernier article petit, triangulaire. La tache de l'aile inférieure n'est pas visible en dessous. Les taches sensiblement égales sur toutes les ailes, auréolées ; rayure interne sinueuse, non interrompue sur les ailes antérieures ; rayure externe légèrement festonnée.

1. **Melanocera Menippe.** WESTWOOD, *(Saturnia M.), Proceed. Zool. Loc. Lond.*, p. 43, pl. 3, fig. 2, 1849.

Nudaurella Menippe, *V^{té} fumosa*, W. Rothschild, *Nov. Zool.*

Envergure : mâle, 11 cm. 1/2 à 12 centimètres; femelle, 12 à 15 centimètres. Pl. 25, fig. 2.

Patrie, Afrique australe, Natal, Transvaal.

Mâle. Couleur foncière, fauve rougeâtre vif.

Ailes supérieures : côte antérieure de couleur cuir ; zone interne d'un jaune carminé; zone médiane fauve rouge un peu moins vif, sauf l'espace compris entre la nervure 7 et la côte qui est de couleur cuir; la zone externe de cette dernière couleur, mais parsemée irrégulièrement de squamules brunes; vers l'apex se remarque un petit espace chargé de squamules blanc grisâtre; le côté de cette zone contigu à la rayure externe est de la couleur foncière. Rayure interne sinueuse, plus large sur la côte, blanche; externe de la même couleur, légèrement festonnée entre chaque nervure. Tache de l'aile subarrondie, à centre semi-hyalin, noire, auréolée d'un anneau blanc.

Ailes inférieures de la couleur des supérieures; la rayure interne est à peine visible, presque basale; la tache est semblable à celle des autres ailes et la rayure externe moins festonnée; la frange de toutes les ailes est de couleur cuir uniforme.

Collier antérieur du thorax de couleur brun jaune, liséré postérieurement de blanc pur; le thorax rouge carminé, corps testacé rougeâtre, pattes de couleur cuir.

Dessous des ailes supérieures fauve uniforme, sans rayure interne; la zone médiane est blanchâtre près de la rayure externe, qui est indiquée par une ligne légèrement dentelée, brune; la zone externe présente quelques macules brunes et près de l'apex une portion cendrée.

Les taches sont visibles comme sur le dessus; les ailes inférieures sont plus blanchâtres, avec des macules et des ombres brunâtres; zone externe maculée de brun et de cendré, rayure externe presque droite.

Cette espèce n'est pas rare dans les collections. La sous-espèce décrite par M. W. Rothschild sous le nom de *N. Menippe-fumosa* est d'un brun enfumé sur tout le dessus des ailes, au lieu de la couleur rouge normale.

2. **Melanocera Sufferti**, Weymer, *(Antheraea S.)*, *Berliner Entom.*, Zeit XLI, p. 85, pl. 8, fig. 1, 1896.

Envergure : mâle 10 centimètres; femelle 11 cm. 1/2. Pl. 25, fig. 3 et 4.

Patrie, Victoria Nyanza, Tanganika.

Mâle. Antennes brun foncé, couleur générale rouge fauve, un peu violacé, blanchâtre vers la marge des ailes.

Ailes supérieures : rayures interne et externe obsolètes, tache noire non complètement hyaline dans son centre qui est recouvert de poils rares, la tache auréolée de blanc; sur la zone externe, vers l'apex, quelques poils blanc rosé; frange de l'aile alternée de brun foncé à l'extrémité des nervures et de brun plus clair dans les intervalles.

Ailes inférieures : rayure externe seule visible, blanche assez près de la tache, parallèle à la marge; la tache de cette aile est semblable à celle des ailes supérieures, mais plus petite de moitié.

Ailes légèrement incurvées dans la partie supérieure de la marge, excurvées en dessous.

Femelle. La falcature des ailes supérieures est moins accentuée, les antennes un peu moins larges, bipectinées, à barbules égales sur le même article; la rayure externe est visible sur les deux ailes, blanche, parallèle à la marge, formée de poils blancs peu serrés. Corps légèrement plus foncé que la couleur des ailes.

Il existe dans le type de cette espèce une rayure interne blanchâtre qui n'est pas constante, puisque les autres spécimens que nous avons vus ne la possèdent pas.

Collection de M. C. Oberthür.

Dessous; les ailes supérieures ont la tache visible, la rayure externe est indiquée par quelques poils blancs assez rares. Zone externe saupoudrée de blanc rosé près de l'apex.

Ailes inférieures : rayure externe droite; la tache n'est pas visible.

3. **Melanocera nereis,** W. Rothschild (*Nudaurelia N.*)

Novitates Zoologicae, vol. V, 1898, p. 605, fig. 4.

Envergure : femelle 12 centimètres.

Patrie, haut Congo.

Nous n'avons pas vu cette espèce, nous en donnons la description d'après celle de l'auteur.

Femelle. Voisine de *Sufferti*, Weym. et de *Menippe*, Westw. Le collier est blanc comme dans cette dernière espèce, mais plus étroit; le dessus des ailes est semblable à celui de *Sufferti* ; la tache de l'aile plutôt plus large; centre hyalin des ailes antérieures moitié de la grandeur de celui de *Sufferti;* la rayure interne blanche des ailes inférieures est faiblement indiquée, comme dans *Menippe.*

Le dessous présente les ailes supérieures semblables à celles de *Sufferti* rose ocracé rougeâtre; rayure externe régulièrement curvée, très rapprochée de la tache, 1 millimètre seulement les sépare. La zone externe est beaucoup moins densément recouverte de squamules brunes. Ailes inférieures très différentes de celles de ces deux espèces; couleur d'un saumon jaunâtre pâle; deux larges bandes d'une pâle couleur cannelle traversent l'aile par le milieu, se fondant toutes deux graduellement dans la couleur foncière; frange brune ayant une portion blanche entre chaque veine.

11e Genre. — **Cinabra**, *Nov. Gen.*

Ailes antérieures non pointues, avec marge à peine incurvée, convexe chez les femelles; rayure interne absente sur les deux ailes; rayure interne parallèle à la marge; tache vitrée, petite, non auréolée, demi-circulaire sur l'aile supérieure; petite, dans un cercle gris annelé de noir sur l'aile inférieure.

Couleur générale rouge violacé, moiré de gris ardoise, surtout sur les zones externes.

1. **Cinabra hyperbius**, Westwood *(Saturnia H.)*, *Oates Matabele Land.*, p. 357, 1881.
Proceed. Zool. Soc. London, 1881, p. 143, pl. 13, fig. 3.

Bunaea Hyperbius, Maass et Wern, *Beitrage Schmett*, fig. 90, 1886.

Envergure : mâle 8 cm. 1/2 à 10 centimètres; femelle 13 cm. 1/2. Pl. 26, fig. 2 et 3.

Patrie, Afrique méridionale, orientale et centrale.

Les deux sexes ont la même coloration; le mâle a les antennes fauves, assez longues et bien plumeuses, les derniers articles ne sont pas pectinés; la femelle a les antennes plus noirâtres, bipectinées, à dents inégales sur le même article, la dent basilaire, la plus longue, est terminée en massue.

Thorax et ailes antérieures de couleur lie de vin, abdomen et ailes inférieures, excepté chez ces dernières le bord anal et le bord marginal, de couleur fauve jaunâtre vif.

Mâle. Tache vitrée de l'aile supérieure très petite, non auréolée, demi-circulaire; rayure externe étroite, parallèle à la marge, d'un gris foncé ardoisé; cette couleur, mais de tonalité plus claire, est répandue sur la zone externe assez densément, surtout du côté de la marge; sur les ailes inférieures, qui sont fauves, le bord anal est de la couleur, un peu affaiblie, des ailes supérieures; la zone externe est fauve contre la rayure, rouge du côté de la marge, et, dans le milieu de ce rouge, se trouve une teinte gris ardoisé clair. Tache vitrée petite, au centre d'un cercle gris noirâtre, annelé de noir.

Les rayures externes sont assez rapprochées de la marge sur les deux ailes; chez la femelle elles en sont beaucoup plus éloignées.

Femelle. Les taches des ailes sont semblables, mais un peu plus grandes; la rayure externe est de couleur un peu plus foncée et elle a une tendance à se festonner entre chaque nervure.

Le dessous est de la même couleur rouge que le dessus, et la tache de l'aile supérieure est entourée d'un cercle noir ; pattes jaunâtres.

Cette espèce est rare dans les collections; nous l'avons vue dans la collection de M. Oberthür et dans celle du Muséum de Berlin.

2. **Cinabra pygmaea**, MAASSEN et WEYD *(Bunaea p.), Beitrag. Schmett*, fig. 100, 1886.

Envergure, mâle 8 cm. 1/2.

Patrie, Afrique méridionale, Transvaal.

Mâle. Antennes noirâtres; couleur générale brun rosâtre, rayure externe d'un brun bleuâtre, étroite, parallèle à la marge qui est convexe; zone externe saupoudrée de squamules d'un rose violacé. Sur l'aile inférieure, la rayure externe est indistincte, le bord anal et la marge sont de couleur rose violacé. Point hyalin, petit, non auréolé sur l'aile supérieure; petit, au centre d'un cercle gris noirâtre annelé de noir sur l'aile inférieure.

Thorax orné antérieurement d'un collier de poils blanchâtres et postérieurement d'une ligne de poils de cette même couleur.

Nous ne connaissons pas la femelle de cette espèce.

Muséum de Berlin.

12° GENRE. — **Syntherata.**

MAASS., *Beitr. Schmett*, III, fig. 42-43, 1873.

Petit groupe assez homogène, reconnaissable aux caractères suivants : Rayure interne brisée, généralement interrompue ; externe formée de deux lignes, dont l'une des deux au moins en festons profonds ; taches hyalines petites sur toutes les ailes, arrondies, manquant souvent sur les ailes inférieures; marge des ailes assez fortement incurvée chez les mâles.

1. **Syntherata Janetta**, White *(Saturnia J.)*, *Ann. nat. Hist.*, XII, p. 344, n° 8, 1843.

Antheraea purpurascens, Walk, *Cat. Lep. Het. B. M.*, p. 528, 1865.
Antheraea disjuncta, Walk, *Cat. Lep. Het.*, p. 1256, 1855.
Antheraea insignis, Walk, *Char. Lep. Het.*, p. 22, n° 37, 1869.
Syntherata Weymeri, Maass. et Weym., *Beitr. Schmett*, III, fig. 42, 43, 1873.

Envergure : mâle, 11 à 14 cm. 1/2 ; femelle, 12 à 16 centimètres. Pl. 27, fig. 1, 2 et 3.

Patrie, Australie.

Cette espèce est extrêmement variable de coloration, elle varie du jaune de chrome clair jusqu'au brun plus ou moins foncé ; quelquefois cette dernière couleur n'existe que par place sur le fond jaune des ailes.

Nous donnons la description d'après les spécimens de coloration jaune, qui sont les plus répandus.

Mâle. Couleur jaune d'ocre ; ailes supérieures, zones interne et médiane de couleur plus orangée ; côte antérieure de l'aile et collier en avant du thorax de couleur gris blanchâtre, liséré de brun postérieurement ; rayure interne en ligne brisée interrompue, d'un gris brun rosé, rayure externe formée de deux lignes profondément festonnées, de couleur gris brun, recouvertes de squamules roses ; la ligne la plus rapprochée de la marge se rapproche de l'apex près de la côte ; elle se trouve, dans cette partie, fortement accompagnée et recouverte de squamules roses ; l'autre ligne, au contraire, s'éloigne de l'apex dans la partie supérieure ; tache hyaline petite, ronde, finement liserée de blanc.

Ailes inférieures, rayure interne sinueuse, un peu en zigzag ; externe formée de deux lignes, dont l'interne profondément festonnée et l'externe réduite à une suite de points gris brun recouverts de squamules roses ; tache de ces ailes très petite, souvent absente, non vitrée, d'un brun rosé finement liséré de blanc.

Tête, corps, abdomen et pattes d'un jaune de chrome orangé vif, antennes fauves.

Dessous. Les taches sont indiquées comme dessus ; rayures internes nulles, externes réduites à leur ligne festonnée seulement, excepté sur la portion antérieure de toutes les ailes où les deux lignes sont visibles; zone médiane de toutes les ailes fortement teintée de rose dans sa moitié antérieure.

Femelle. D'un jaune plus brun ou plus rougeâtre; la marge des ailes antérieures n'est pas incurvée, les rayures sont d'un brun violacé, noirâtre, surtout près de la côte, où elles sont en plus recouvertes de squamules roses. La portion antérieure de la zone médiane et la portion apicale de la zone externe sont de couleur plus rougeâtre; marge frangée de brun rougeâtre; tache vitrée arrondie, auréolée finement de brun et de blanc terne. Les ailes inférieures ont la tache plus grande que chez le mâle; au centre, une ligne étroite hyaline, dans un cercle brun noir auréolé finement de blanc terne.

En dessous, les rayures sont indiquées par des lignes brunes non festonnées, un peu nébuleuses, les taches indiquées comme dessus.

Dans cette espèce, extrêmement variable de coloration, les taches varient également beaucoup de grosseur et de forme; sur les ailes supérieures la tache est quelquefois entourée d'un cercle brun noir, irrégulier d'épaisseur; quelquefois aussi elle est accompagnée d'une tache supplémentaire brune au-dessus de la tache normale.

Syntherata Weymeri, Maassen, est une variété dont toute la zone médiane des ailes antérieures est d'une belle couleur brun rouge, le reste des ailes du jaune habituel; la femelle est uniformément brun rougeâtre avec les rayures externes indiquées en festons d'un rose violacé.

Il arrive souvent que les deux sexes sont unicolores; dans ce cas, ils varient du brun rouge au brun olivâtre ou noirâtre.

Syntherata disjuncta, Walker, variété de coloration jaune avec coloration brun rouge dans la partie antérieure de la zone médiane, ainsi que vers l'apex. Le cocon de cette espèce n'est pas pédonculé, il est fixé fortement contre le tronc des arbres, d'un brun grisâtre, ovoïde, résistant, mesure environ 3 centimètres sur 2.

Collection du Laboratoire.

2. **Syntherata Melvilla**, Westwood *(Saturnia M.), Proceed. Zool. Soc. London*, 1853, p. 166.

Patrie, île Melville (nord de l'Australie).

Nous n'avons pas vu cette espèce, nous en donnons la description d'après celle de l'auteur.

SATURNIENS

FIG. 1.

FIG. 2.

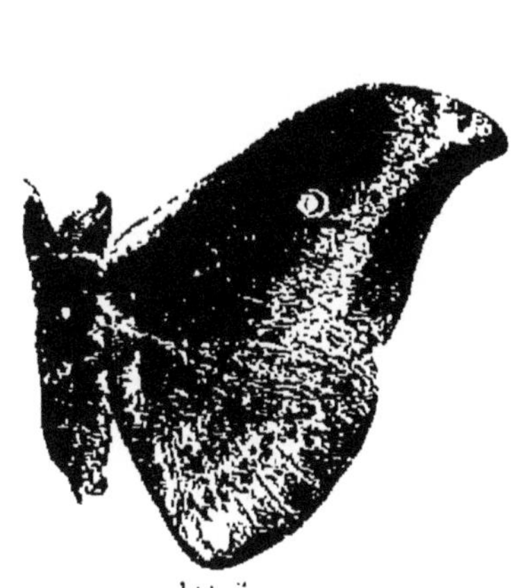

FIG. 3.

FIG. 4.

Fig. 1. *Syntherata Janetta*. White.
— 2, 3. *Janetta Weymeri*, Mabss et Weym
— 4. — *Madagascariensis*. Sonth.

SATURNIENS

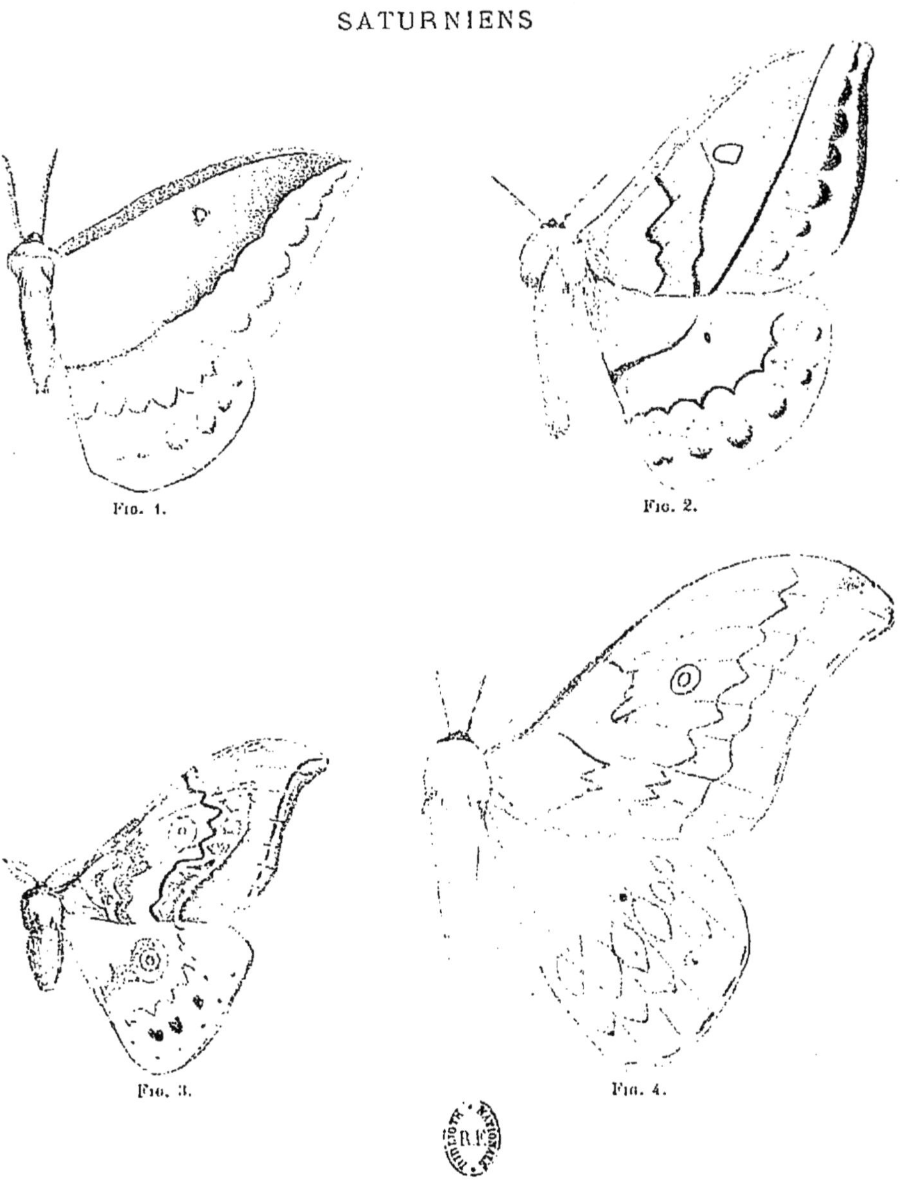

Fig. 1. Fig. 2. Fig. 3. Fig. 4.

Fig. 1. *Syntherata subocellata*, Butl.
— 2. — *subocellata-fumosa*.
— 3. — *Læpoïdes*, Butler.
— 4. — *Godefroyi*, Butler.

Couleur générale orangée, ressemble à *Copaxa Lavandera*, mais l'espace rose cendré occupé par la rayure externe est beaucoup plus uniforme en largeur et presque droit; les ailes antérieures sont légèrement et anguleusement courbées à l'extrémité; côte de ces ailes et collier antérieur du thorax de couleur cendrée; tache hyaline bordée de rouge brillant succédé par un anneau de couleur cuir et un autre externe, plus léger, rouge; rayure externe formée de deux lignes, dont l'interne ondulée, brun rougeâtre, sensiblement parallèle à la marge, festonnée comme dans *Lavandera*, l'externe n'est indiquée que par des taches représentant les sommets des festons, ce qui présente une suite de lunules correspondant aux festons de la ligne interne; l'espace existant entre ces deux lignes est recouvert d'écailles d'un fauve grisâtre. Zone externe d'un orangé pâle uniforme. Les ailes postérieures ont une rayure interne curvée, peu distincte, mais plus sombre vers le bord anal; c'est, du reste, le cas de toutes les autres marques de ces ailes. La tache est un petit point rond, rouge clair, inclus dans un anneau orangé, lequel est auréolé d'un autre anneau très étroit, rouge; la rayure externe, d'un brun rougeâtre, est représentée comme sur les ailes supérieures; sa ligne interne fortement dentée, sa ligne externe représentée seulement par des points en regard des festons, l'espace existant entre ces deux lignes est fortement saupoudré d'atomes gris.

Antennes d'un rouge fauve, largement plumeuses chez le mâle; femelle inconnue.

3. **Syntherata Madagascariensis**, SONTHONNAX, *Annales du Laboratoire d'études de la Soie de Lyon*, 1899, p. 150, pl. 32, fig. 1.

Envergure : mâle et femelle 11 centimètres. Pl. 27, fig. 4.

Patrie, Antsianaca (Madagascar).

Voisine de *Janetta*, *V. Weymeri*, Maassen, et de *Subocellata*, Butl.

Les deux sexes ont sensiblement la même forme, sauf les antennes qui sont plus larges chez le mâle que chez la femelle.

Mâle. Thorax d'un brun chocolat, bordé antérieurement et postérieurement d'une bande étroite d'un jaune orangé; abdomen d'un brun plus clair. Zone interne d'un jaune vif à la base de l'aile, se brunissant aux alentours de la rayure interne; celle-ci jaune, sinueuse; zone médiane d'un brun chocolat dans son milieu, s'éclaircissant jusqu'à devenir jaune vers la rayure externe et la côte antérieure, ainsi que vers la base de cette zone, du côté de la rayure interne; sur le milieu apparaît une fascie transverse un peu nébuleuse, brune, passant par la tache vitrée; celle-ci subarrondie, lisérée finement de brun et enveloppée d'un anneau étroit de squamules cendrées.

La rayure externe est festonnée, jaune, presque parallèle à la marge de l'aile dans ses deux tiers supérieurs, mais se coudant en dessous pour rejoindre le bord inférieur de l'aile presque sur sa moitié. La zone externe, qui est brune, est sillonnée par une ligne médiane et longitudinale de festons opposés à ceux de la rayure externe, de couleur jaune rehaussée de squamules cendrées. Sur l'aile inférieure la rayure interne n'est pas visible, la tache est réduite à un petit arc noirâtre; les deux lignes en festons opposés sont reproduites avec la même intensité que sur l'aile supérieure.

Femelle. De coloration plus foncée, la zone médiane est complètement brune, sauf vers la côte antérieure où l'on remarque quelques squamules cendrées; la base des ailes inférieures devient un peu rosée.

Le dessous n'a pas de rayure interne visible, les deux lignes externes en festons sont indiquées comme en dessus; la couleur générale est un peu plus rougeâtre et plus terne; pattes d'un brun foncé, antennes d'un jaune fauve, très courtement pectinées chez la femelle, plus largement chez le mâle.

Collection de M. C. Oberthür.

4. **Syntherata subocellata**, Butler *(Copaxa subocellata)*, *Ann. nat. Hist.*, p. 387, 1880.

Envergure : femelle 11 cm. 1/2. Pl. 29, fig. 1 et 2.

Patrie, Madagascar.

Couleur générale fauve rougeâtre, jaunâtre à la base des ailes et sur les zones externes.

Ailes supérieures sans rayure interne, tache vitrée demi-circulaire, auréolée faiblement de brun, subarrondie par un cercle étroit de squamules rosées; rayure externe festonnée, oblique dès son sommet qui est près de l'apex, brun rouge; sur la zone externe se remarquent des festons opposés à ceux de la rayure, formant une ligne médiane et longitudinale divisant cette zone en deux parties; ces festons sont bruns, accompagnés intérieurement de squamules roses; la portion comprise entre ces festons et la rayure externe est de couleur fauve rougeâtre, sauf contre la rayure où paraît la couleur foncière jaune.

Ailes inférieures : pas de rayure interne, mais une ligne médiane transverse brun rouge, passant par le point où existe habituellement la tache, car celle-ci fait défaut dans cette espèce ; au delà, une ligne festonnée suivie d'une suite de taches ovalaires ayant une tendance à se réunir, de couleur rose, lisérées sur leur côté externe de squamules brunes.

Le front est d'un brun rouge ainsi que les pattes ; l'abdomen est d'une couleur plus rosée que celle des ailes ; antennes longues et simplement dentées, à dents relativement longues pour ce sexe.

Cette espèce est très voisine de *Madagascariensis*, dont elle se distingue par la couleur générale, et par le thorax sans collier antérieur ni bande postérieure de couleur différente. Les antennes aussi sont plus longues.

Natural History Museum de Londres et collection de M. C. Oberthür.

Nous décrivons une variété de cette espèce sous le nom de *Subocellata-fumosa*, caractérisée comme suit : ailes antérieures avec marge légèrement échancrée ; rayure interne brune, sinueuse, externe brune, droite, non festonnée ; au delà de cette ligne, des macules en forme de croissant, de couleur brune saupoudrée de rose vif, représentant la deuxième ligne ; la zone externe est légèrement enfumée sur sa portion marginale ; sur le milieu de l'aile, une ligne transverse brune, nébuleuse, tangente à la tache, sinueuse, s'abaisse sur le bord inférieur de l'aile ; tache vitrée subcirculaire, annelée d'un cercle très léger, noir, auréolé plus largement de rose.

Ailes inférieures : rayure interne absente, ligne transverse brune de la tache au bord anal, rayure externe brune, très festonnée, avec une suite de taches brunes en regard des festons ; tache de l'aile réduite à un simple point brun.

Cette variété appartient à la collection de M. Oberthür et provient de Madagascar.

5. **Syntherata Godefroyi**, Butler, *Ann. nat. Hist.*, 51, p. 227, 1882.

Envergure : mâle 15 centimètres. Pl. 28, fig. 4.

Patrie, Nouvelle-Bretagne.

Mâle. Couleur générale jaune, légèrement teinté de fauve. Ailes antérieures falquées, pointues, rayure interne interrompue, à brisures profondes, de couleur brun lilas clair; rayure externe formée de deux lignes : l'interne profondément ondulée entre les nervures, l'externe beaucoup moins, et s'élargit au contact de la côte antérieure; tache hyaline petite, demi-circulaire, ornée sur son côté externe d'un arc noir, le tout auréolé d'un anneau rose et d'un autre anneau d'un brun violet très léger. Côte antérieure des ailes et collier antérieur du thorax de couleur brun lilas clair.

Ailes inférieures sans point hyalin, marquées seulement d'un point brunâtre auréolé de blanc rosé; au delà de cette tache une suite de losanges formant la première ligne de la rayure externe; extérieurement à ces losanges et en regard, une suite de tache brun lilas; les losanges de la première ligne ont leur moitié du côté interne de couleur brune, et l'autre moitié de couleur rose.

Le type de cette rarissime espèce est au Muséum de Londres.

6. **Syntherata vulpina**, Butler *(Copaxa V.), Cist. Ent.* III, p. 20, 1882.

Envergure : mâle 8 à 9 centimètres; femelle 10 centimètres à 11 cm. 1/2. Pl. 29, fig. 1.

Patrie, Madagascar.

Varie du brun rouge au fauve brun; antennes de cette dernière couleur et semblables dans les deux sexes.

Mâle. Ailes supérieures : rayure interne brun rougeâtre, sinueuse, interrompue; tache vitrée arrondie, légèrement lisérée de brun; une ligne transverse, d'un brun noirâtre, descend de la côte de l'aile, en passant par le côté interne de la tache, sur le bord inférieur; rayure externe très légère, brune, oblique, son sommet part de l'apex et rejoint le bord inférieur de l'aile un peu au delà de sa moitié; sur la zone externe quelques macules intranervales arrondies, roses, isolées, accompagnées de brun.

Sur les ailes inférieures, la rayure interne manque, le point vitré est à peine visible, réduit à un point brun; l'aile est traversée dans son milieu par une ligne brun noirâtre; rayure externe festonnée et, au delà, des macules irrégulièrement placées, roses, lisérées de brun.

SATURNIENS

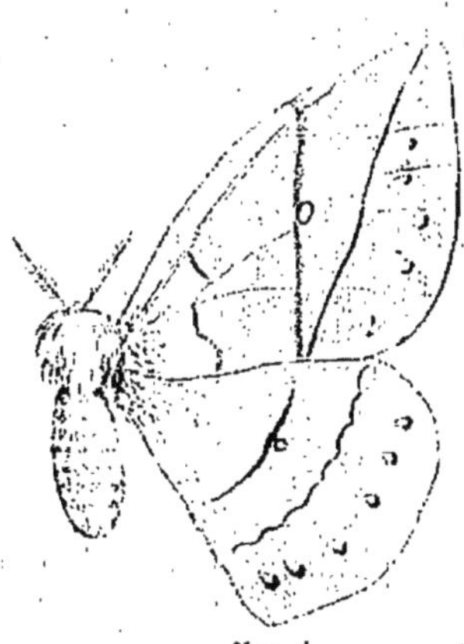

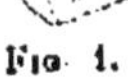

FIG. 1.

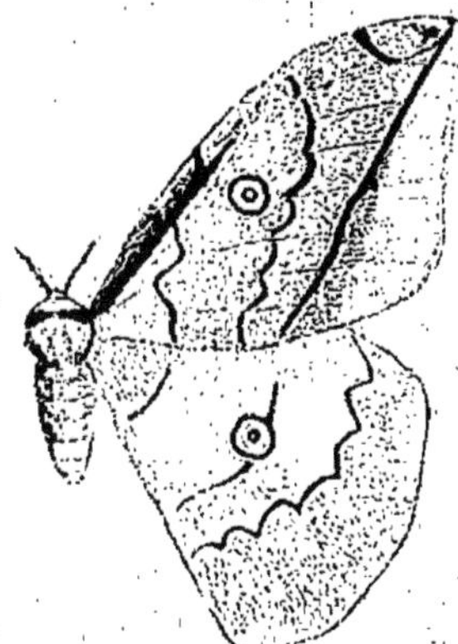

FIG. 2.

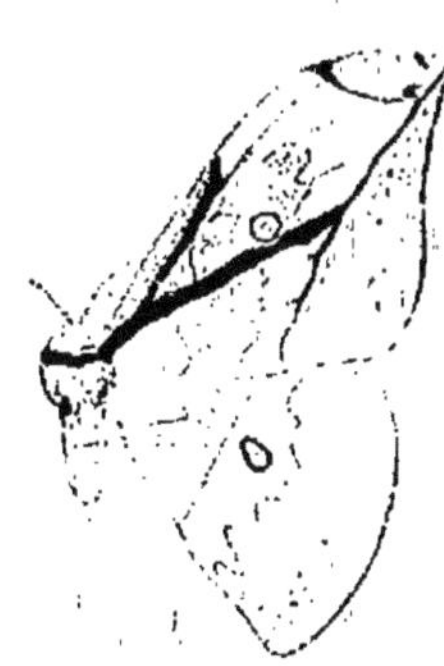

FIG. 3.

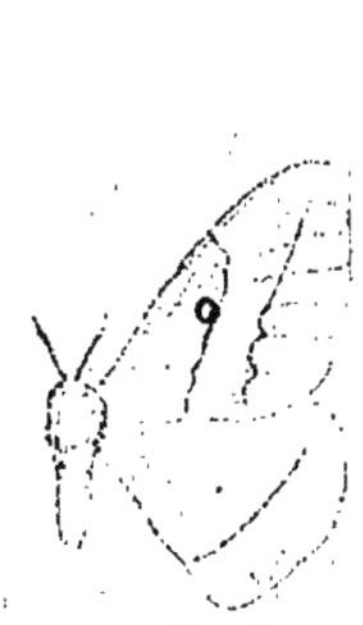

FIG. 4.

FIG. 5.

Fig. 1. *Syntherata Vulpina*, Butler.
— 2. *Tagoropsis dentifera*, Maass et Weym.
— 3. — *gemmifera*, Butler.
— 4. — *Hanningtoni*, Butler.
— 5. — *Natalensis*, Felder.

7. **Syntherata Lœpoïdes**, Butler *(Antheraea L.)*, *Ann. nat. Hist. (5)* VI, p. 61, 1880.

Envergure : mâle 9 cm. 1/2. Pl. 28, fig. 3.

Patrie, Borneo.

Cette espèce, comme son nom l'indique, a bien le port et la coloration d'un *Lœpa;* nous en donnons la description d'après le type du *British Museum.*

Mâle. Antennes d'un fauve jaunâtre; couleur générale, jaune de chrome foncé, avec macules de couleur rouge brique.

Ailes antérieures : zone interne rouge brique, sillonnée de zigzags jaunes ; tache hyaline petite, dans un cercle brun liséré étroitement de brun plus foncé; au delà de la tache se remarque une ligne transverse brune en zigzag, partant de la côte pour atteindre le bord inférieur de l'aile en contournant extérieurement la tache; au delà de cette ligne, une suite de macules rouge brique subquadrangulaires entre les nervures; enfin la zone externe est de couleur brun rouge, assez uniforme, sauf contre la marge où l'on remarque une suite de points bruns ; vers l'apex, un espace triangulaire cendré limité extérieurement par la ligne de points bruns.

Ailes inférieures jaunes avec quelques macules brun rouge ; la tache hyaline, lisérée de brun noir, auréolée d'un anneau gris blanchâtre et d'un autre externe rouge brun ; la tache est reliée au bord anal par une surface étroite brun rouge; au delà de la tache une ligne brun rouge ondulée, puis une autre ligne de taches semi-ovalaires plus grandes vers le bord anal, et enfin près de la marge une ligne de points bruns.

Cette espèce est classée au *British Museum* sous le nom de *Copaxa Lœpoïdes*, mais les caractères différentiels de tous ces genres sont tellement fugitifs que les auteurs ont des appréciations différentes.

13e Genre. — **Tagoropsis.**

Felder, *Reise d. Novara*, Lep. IV, t. LXXXVIII, fig. 2, 1874.

Genre propre au continent africain.

Les ailes antérieures ont l'apex anguleux et pointu dans les deux sexes. La nervure sous-costale s'éloigne de la nervure costale pour s'en rapprocher en formant une courbe brusque un peu au delà du milieu de la côte, il existe donc entre ces deux nervures et à la base une deuxième cellule longue et étroite; sur le milieu des ailes une ligne festonnée transverse, antennes à pectination simple dans les deux sexes. Palpes dépassant le front.

Taches auréolées avec centre diaphane.

1. **Tagoropsis gemmifera**, BUTLER *(Copaxa G.), Proceed. Zool. Soc. Lond.*, 1878.

Envergure: 8 cm. 1/2. Pl. 29, fig. 3.

Patrie, Angola, Dahomey, rives du lac Nyassa.

Mâle. Couleur générale jaune d'or teinté de fauve plus vif aux extrémités des ailes qu'à leur base. L'espace compris entre les nervures costale et sous-costale, sur les ailes supérieures, depuis la base jusqu'à la moitié de la côte, où elles se réunissent, est de couleur brun rougeâtre parsemé de poils blancs, les franges des ailes sont de couleur brun rouge; rayure interne brisée, interrompue, de couleur brune; externe oblique, part de l'apex et descend sur le bord inférieur de l'aile, qu'elle rencontre un peu au delà du milieu; sur le milieu de l'aile une ligne festonnée transverse; tache hyaline petite, arrondie, cerclée de jaune, d'un petit anneau noir et d'un autre blanc terne; une fascie brune, oblique, longitudinale, assez large, part de la côte un peu au-dessus de la base de l'aile, passe au-dessous de la tache en lui étant tangente, et s'arrête à la rayure externe; cette dernière est ornée, dans sa portion supérieure, de deux petites taches blanches triangulaires lisérées de brun, l'une contiguë à la côte de l'aile, l'autre plus petite contiguë à la nervure 7; entre l'apex et la ligne transverse festonnée se remarque aussi une tache brun rouge arquée, venant se relier à la deuxième petite tache blanche dont nous venons de parler. La zone externe est fortement saupoudrée d'atomes bruns, et présente aussi quelques petites macules irrégulièrement disséminées, de cette même couleur.

Ailes inférieures : le bord anal est presque anguleux et ces ailes sont relativement longues; rayure interne faiblement indiquée, presque basale, brisée; entre cette rayure et la tache se remarque une ligne brune, droite; tache comme sur l'aile supérieure; au delà, la rayure externe est fortement festonnée; la zone externe est ornée de quelques macules brunes ayant une tendance à se réunir en festons opposés à ceux de la rayure externe.

Les zones médianes de toutes les ailes sont un peu chargées d'atomes bruns, surtout près des rayures externes. Collier antérieur du thorax de la couleur de la côte des ailes supérieures. Le dessous est plus blanchâtre et présente la même ornementation, excepté la fascie brune longitudinale qui manque.

Collection du Laboratoire.

2. **Tagoropsis dentifera**, MAASSEN et WEYMAR *(Copaxa D.)*, *Beitr. Schmett*, fig. 115, 1886.

Envergure : 9 cm. 1/2. Pl. 29, fig. 2.

Patrie, Delagoa-Bay.

Mâle. Couleur jaune d'or ; moitié basilaire de la côte des ailes antérieures brun rougeâtre, largement recouverte de poils blanchâtres, au delà la côte se confond avec la couleur foncière ; les rayures brun rougeâtre comme dans l'espèce précédente, mais la fascie longitudinale brune n'existe pas dans cette espèce ; entre les nervures 8 et 7, près de l'apex, se remarque une tache brune arquée rehaussée de blanc contre la rayure externe.

Les zones externe et médiane sont saupoudrées d'atomes brun rouge, mais moins fortement que dans l'espèce précédente. Tache de l'aile plus grande, un petit point hyalin au centre d'un cercle orange, liséré finement de noir et de blanc rosé.

Ailes inférieures : toutes les rayures sont indiquées ainsi que la ligne médiane transverse qui est interrompue par la tache dans cette espèce, tandis que dans *Gemmifera* cette ligne est entière et tangente intérieurement à la tache.

Musée de Londres.

3. **Tagoropsis Natalensis**, FELDER, *Reise d. Novara*, t. LXXXVIII, fig. 2, 1874.

Tagoropsis Natalensis, Maass. et Weym. *Beitr. Schmett*, fig. 57, 58, 1881.

Envergure : mâle et femelle 8 cm. 1/2 à 9 cm. 1/2. Pl. 29, fig. 5.

Patrie, Natal.

Mâle. D'un jaune clair quelquefois teinté de fauve. Ailes supérieures :

Des tirages à part du premier fascicule, contenant vingt-trois planches coloriées à la main, sont remis sur demande au prix de 25 francs le volume. Pour les deuxième et troisième fascicules, dont le premier contient trente-deux planches coloriées et le second, vingt-neuf, le prix est uniformément fixé à 35 francs l'un.

S'adresser au :

LABORATOIRE D'ÉTUDES DE LA SOIE

CONDITION DES SOIES, LYON.

INDEX ALPHABÉTIQUE

DES GENRES ET DES ESPÈCES DÉCRITS

Lyon. - Imp. A. REY, 4, rue Gentil. — 21435

www.ingramcontent.com/pod-product-compliance
Ingram Content Group UK Ltd.
Pitfield, Milton Keynes, MK11 3LW, UK
UKHW022111190726
13855UKWH00002B/779